AF287964

H. Dölp

Die Determinanten

Nebst Anwendung auf die Lösung algebraischer und

analytisch-geometrischer Aufgaben

H. Dölp

Die Determinanten

Nebst Anwendung auf die Lösung algebraischer und
analytisch-geometrischer Aufgaben

ISBN/EAN: 9783955621780

Auflage: 1

Erscheinungsjahr: 2013

Erscheinungsort: Bremen, Deutschland

@ Bremen-university-press in Access Verlag GmbH, Fahrenheitstr. 1, 28359
Bremen. Alle Rechte beim Verlag und bei den jeweiligen Lizenzgebern.

bremen
university
press

DIE

DETERMINANTEN

NEBST ANWENDUNG AUF DIE LOESUNG ALGEBRAISCHER
UND ANALYTISCH-GEOMETRISCHER AUFGABEN.

ELEMENTAR BEHANDELT

VON

DR. H. DÖLP,

WEILAND PROFESSOR AM GROSSH POLYTECHNIKUM ZU DARMSTADT.

DRITTE AUFLAGE.

— ⚏⚏X⚏⚏ —

DARMSTADT, 1883.

VERLAG VON LUDWIG BRILL.

Vorwort zur ersten Auflage.

Für Jeden, den seine mathematischen Studien über die Elemente hinausführen, ist die Bekanntschaft mit den Determinanten heute nicht mehr zu entbehren. Hiernach sind entweder die akademischen Studien damit zu beginnen, oder es muss, was nach der Ansicht des Verfassers noch empfehlenswerther sein dürfte, der mathematische Unterricht in der Schule damit abgeschlossen werden. Selbstverständlich hat sich die Lehrmethode der neuen Disciplin diesem Alter und den entsprechenden Vorkenntnissen der Lernenden anzupassen, und es erwächst somit für die Lehrer der Mathematik die Verpflichtung, dafür zu sorgen, dass es auch für diesen Theil ihrer Wissenschaft an geeigneten Lehrbüchern nicht fehle. Zu wiederholten Malen hat der Verfasser Schülern von 16 bis 18 Jahren die Determinanten vorgetragen und bringt in dem vorliegenden Schriftchen die von ihm eingehaltene Methode in geeigneter Ergänzung zur Kenntniss des mathematischen Publikums. Derselbe war bemüht, die Entwicklungen und Beweise, obgleich er sie in wissenschaftlicher Strenge durchführt, mit Hülfe einer zweckmässigen Anordnung einfach und leicht verständlich zu halten. Nicht selten ist für den nämlichen Satz mehr als ein Beweis gegeben, und zahlreiche Beispiele dienen dazu, bereits entwickelte Lehrsätze näher zu erläutern und den Lernenden in den Sinn derselben einzuführen. Die beiden letzten Abschnitte enthalten Anwendungen der Determinanten auf die analytische Geometrie der Ebene und die Algebra. Insbesondere der Erstere setzt Nichts als die Grundbegriffe der betreffenden Disciplin als bekannt voraus und kann somit als elementare Einleitung in dasjenige Gebiet der Mathematik angesehen werden, in welchem die Theorie der Determinanten bis jetzt die fruchtbarste Verwendung gefunden hat.

Darmstadt, im October 1873.

Dr. H. Dölp.

Vorwort zur dritten Auflage.

Die vorliegende dritte Auflage ist auf den Wunsch der Wittwe des seinem Lehrberuf allzufrüh entrissenen Verfassers ein im Wesentlichen unveränderter Abdruck der ersten Auflage und unterscheidet sich von dieser nur durch geringfügige Aenderungen meist redactioneller Natur und wenige Verbesserungen, welche der unterzeichneten Verlagshandlung von einem Fachmann zur Verfügung gestellt wurden. Möge die ungewöhnlich günstige Aufnahme, welche das dem Bedürfniss elementaren Lehrvortrags so vortrefflich entsprechende Buch in den Kreisen von Lehrern und Studirenden gefunden hat, auch der vorliegenden dritten Auflage zu Theil werden.

Darmstadt, im April 1883.

Die Verlagshandlung:

L. Brill.

§. 1. Bildungsweise und Anzahl aller möglichen Permutationsformen aus gegebenen Elementen.

Durch die Symbole $a, b, c \ldots n$, oder $a_1 . a_2, a_3 \ldots a_n$ wollen wir einzelne ganz beliebige Grössen bezeichnen und dieselben Elemente nennen. Ihre besonderen Eigenschaften und Werthe sind für die beabsichtigten Entwicklungen ohne jede Bedeutung, und wir unterscheiden sie nur von einander durch die Verschiedenheit der zu ihrer Bezeichnung dienenden Buchstaben oder Indices. Aus einer bestimmten Anzahl solcher Elemente lassen sich Verbindungen herstellen, von denen jede alle gegebenen Elemente enthält, doch so geordnet, dass deren Reihenfolge in allen Formen eine andere ist. Eine solche Verbindung gegebener Elemente nennen wir eine Permutationsform oder Permutation und sagen, Elemente seien permutirt, wenn alle möglichen Permutationen daraus hergestellt sind. Aus drei Elementen sind z. B. die folgenden sechs Permutationen möglich:

$$a\,b\,c, \quad a\,c\,b, \quad b\,a\,c, \quad b\,c\,a, \quad c\,a\,b, \quad c\,b\,a;$$
$$a_1\,a_2\,a_3, \quad a_1\,a_3\,a_2, \quad a_2\,a_1\,a_3, \quad a_2\,a_3\,a_1, \quad a_3\,a_1\,a_2, \quad a_3\,a_2\,a_1.$$

Wir sehen es als unsere nächste Aufgabe an, ein Verfahren zu ermitteln, nach dem alle aus gegebenen Elementen möglichen Permutationen mit Sicherheit gewonnen werden können, und führen zu dem Zwecke unter den Elementen eine gewisse Rangordnung in der Weise ein, dass wir bestimmen, b soll höher sein als a, c wieder höher als b und a, auch d höher als c, b und a u. s. w., sowie wir auch a_2 höher als a_1, a_3 höher als a_1 und a_2, a_4 höher als a_3, a_2 und a_1 u. s. w. annehmen.

Aus zwei Elementen a_1 und a_2 können nur die beiden Permutationen $a_1\,a_2$, $a_2\,a_1$ gewonnen werden. Um drei Elemente zu permutiren, stellen wir zuerst die drei Formen $a_1\,a_2\,a_3$, $a_2\,a_1\,a_3$, $a_3\,a_1\,a_2$ her, in welchen je eines der Elemente am Anfang steht, und die übrigen in natürlicher Ordnung nachfolgen. Aus jeder dieser drei Formen lässt sich noch eine zweite dadurch ableiten, dass man nur die beiden letzten Indices permutirt, und so er-

geben sich aus drei Elementen im Ganzen die folgenden sechs
Permutationen:

$$a_1\, a_2\, a_3\,, \qquad a_2\, a_1\, a_3\,, \qquad a_3\, a_1\, a_2$$
$$a_1\, a_3\, a_2\,, \qquad a_2\, a_3\, a_1\,, \qquad a_3\, a_2\, a_1$$

Es ist nicht schwer, das angezeigte Verfahren auf vier Elemente
zu übertragen. Der Vereinfachung wegen sollen hierbei die Elemente durch ihre Indices vertreten sein. Wieder stellen wir zuerst
nur diejenigen vier Formen her, in denen je eines der gegebenen
Elemente an der Spitze steht und die übrigen sich in natürlicher
Ordnung anschliessen. Sie heissen:

$$1234\,, \qquad 2134\,, \qquad 3124\,, \qquad 4123\,.$$

Werden nun in jeder dieser vier Formen unter Beibehaltung des
Anfangselementes die drei letzten Indices permutirt, so gehen aus
einer jeden, sie selbst mitgezählt, im Ganzen sechs Formen hervor,
die wir hier folgen lassen:

1234	2134	3124	4123
1243	2143	3142	4132
1324	2314	3214	4213
1342	2341	3241	4231
1423	2413	3412	4312
1432	2431	3421	4321.

Nichts ist leichter, als dieses Verfahren auf eine grössere und beliebige Anzahl von Elementen auszudehnen. Es findet einen prä-
cisen Ausdruck in der folgenden Regel:

Um die Elemente a_1, a_2, a_3 .... a_n zu permutiren, geht
man von der Grundform ihrer Indices aus, also von der Form
1 2 3 .... n, und leitet jede folgende Form aus der vorhergehenden dadurch ab, dass man in dieser dasjenige am weitesten
rechts stehende Element aufsucht, welchem noch ein oder mehrere
Elemente von höherem Range nachfolgen. Alle Elemente, welche
dem so ermittelten vorangehen, werden unverändert in die neue
Form übernommen, das bezeichnete Element selbst aber durch
dasjenige nachfolgende ersetzt, welches ihm hinsichtlich des Ranges
(nicht des Ortes) am nächsten steht. Alle weiteren Elemente
folgen dann in natürlicher Ordnung nach.

Auch die Frage nach der Zahl aller Permutationen, welche
aus n Elementen im Ganzen möglich sind, kann im Anschluss an
die vorhergehenden Erörterungen leicht beantwortet werden. Zur
Bezeichnung dieser Zahl soll uns das Symbol P_n dienen, so dass
das Symbol P_{n-1} die Zahl aller Permutationen vorstellt, welche
aus $(n-1)$ Elementen gebildet werden können. Wie bisher, wer-

den zuerst diejenigen Formen hergestellt, welche mit den Elementen 1 bis n anfangen und die weiteren Elemente in natürlicher Folge enthalten, nämlich:

$$1 \quad 2 \quad 3 \ldots \ldots n$$
$$2 \quad 1 \quad 3 \ldots \ldots n$$
$$3 \quad 1 \quad 2 \ldots \ldots n$$
$$\cdots \cdots \cdots \cdots \cdots$$
$$n \quad 1 \quad 2 \ldots \ldots (n-1).$$

Durch Permutation der $(n-1)$ letzten Indices gehen wieder aus einer jeden von diesen n Formen so viele neue hervor, als deren aus $(n-1)$ Elementen überhaupt möglich sind, eine Thatsache, welche ihren Ausdruck in der folgenden Formel findet:

$$P_n = n \cdot P_{n-1}. \qquad (1)$$

In Worten heisst dies: Aus n Elementen lassen sich n mal so viele Permutationen herstellen, als aus $(n-1)$ Elementen. Werden in dieser Formel der Zahl n nach und nach besondere Werthe beigelegt, so gehen die folgenden speziellen Formeln daraus hervor:

$$
\begin{aligned}
P_1 &= 1 \\
P_2 &= 2 \cdot P_1 = 1 \cdot 2 \\
(2) \qquad P_3 &= 3 \cdot P_2 = 1 \cdot 2 \cdot 3 \\
P_4 &= 4 \cdot P_3 = 1 \cdot 2 \cdot 3 \cdot 4 \\
&\cdots \cdots \cdots \cdots \cdots \cdots \\
P_n &= n \cdot P_{n-1} = 1 \cdot 2 \cdot 3 \cdot 4 \ldots \ldots n.
\end{aligned}
$$

§. 2. Eintheilung aller Permutationsformen in 2 Klassen. Inversionen.

Werden aus einer Permutationsform zwei beliebige Indices herausgenommen und so neben einander gestellt, wie sie in der Form selbst auf einander folgen, so erhalten wir ein Indicespaar. Aus der Form $a_4\, a_1\, a_3\, a_2$ ergeben sich auf diese Weise die folgenden Indicespaare: 41, 43, 42, 13, 12, 32. In einigen Paaren folgen die beiden Indices in natürlicher, in anderen in umgekehrter Ordnung auf einander. Das letztere ist der Fall bei den Paaren 41, 43, 42, 32. Eine solche Umkehrung der natürlichen Folge zwischen irgend zwei Indices einer Permutationsform wird Inversion genannt, und man zählt hiernach in jeder Form so viele Inversionen, als Indicespaare darin vorkommen, bei denen der höhere Index dem niederen vorangeht. Nur die Grundform hat keine Inversionen aufzuweisen, während alle übrigen solche in bestimmter Zahl enthalten. So zählen wir z. B. in a_3 a_1 a_6 a_4 a_2 die fünf Inversionen 31, 32, 54, 52, 42 und in d b a c deren vier, nämlich db, da, dc und ba.

Nach der Zahl der Inversionen hat man alle Permutationsformen in zwei Klassen getheilt und zählt alle Formen, in welchen eine gerade Anzahl von Inversionen vorkommt, in die erste, dagegen alle Formen mit ungerader Zahl von Inversionen in die zweite Klasse. Hiernach muss 3 4 7 1 6 2 5 zur ersten, dagegen 4 2 1 5 7 3 6 zur zweiten Klasse gerechnet werden, weil dort zehn, hier sieben Inversionen vorhanden sind. Für die Lehre von den Determinanten ist nun der folgende Satz von grösster Wichtigkeit:

Werden in einer Permutationsform zwei beliebige Elemente oder deren Indices vertauscht, so nimmt die Zahl der vorhandenen Inversionen um eine ungerade Zahl zu oder ab; sie wird daher gerade, wenn sie vorher ungerade war, und ungerade, wenn sie vorher eine gerade Zahl war, oder in kürzeren Worten: Durch den Tausch von zwei Elementen oder deren Indices wechselt jede Permutationsform ihre Klasse.

Der Sinn dieses Satzes soll zuerst an einem Beispiele festgestellt werden. Von den vier Formen:

$$a_3 \ a_4 \ \underline{a_7} \ a_1 \ a_6 \ a_2 \ a_5 \ ; \qquad a_3 \ a_4 \ \underline{a_2} \ a_1 \ a_6 \ a_7 \ a_5 \ ;$$
$$a_3 \ a_2 \ \underline{a_4} \ a_1 \ a_6 \ a_7 \ a_5 \ ; \qquad a_1 \ a_2 \ a_4 \ a_3 \ a_6 \ a_7 \ a_5$$

ist aus der vorhergehenden jede folgende dadurch hervorgegangen, dass man zwei Indices vertauscht hat. Sie zählen der Reihe nach 10, 7, 6, 3 Inversionen und gehören daher abwechselnd zur ersten und zweiten Klasse. Um den Satz allgemein zu beweisen, bezeichnen wir die Indices einer beliebigen Permutationsform in nachstehender Weise:

$$r_1 \ r_2 \ \ldots \ i \ s_1 \ s_2 \ \ldots \ \underline{k} \ t_1 \ t_2 \ \ldots \qquad (A)$$

Hier sind i und k die beiden Indices, welche wir zu vertauschen die Absicht haben. Wird dieser Tausch ausgeführt, so entsteht die Form:

$$r_1 \ r_2 \ \ldots \ k \ s_1 \ s_2 \ \ldots \ i \ t_1 \ t_2 \ \ldots \qquad (B)$$

und wir wollen untersuchen, in welcher Weise sich die Anzahl der Inversionen durch diesen Tausch verändert hat. Thatsache ist, dass ein grosser Theil der Inversionen von A unverändert in B fortbesteht und deshalb bei unserer Untersuchung unberücksichtigt bleiben kann. Es sind dies:

1) Alle diejenigen Inversionen, welche die Indices der Gruppen r, s und t unter einander bilden, weil deren gegenseitige Stellung von i und k ganz unabhängig ist.

2) Alle diejenigen Inversionen, welche gebildet werden von irgend einem Index der Gruppen r und t mit einem der beiden vertauschten i und k, weil die Stellung dieser Gruppen zu i und k durch den Wechsel von i mit k nicht verändert wird.

Dagegen finden wir in B diejenigen Inversionen verändert, welche in A zwischen den Indices der Gruppe s einerseits und i und k andererseits bestehen, weil deren gegenseitige Stellung durch den Tausch eine andere geworden ist, sowie auch die vertauschten Indices i und k selbst nur in einer der beiden Formen eine Inversion bilden können. Nehmen wir nun an, unter den Indices der Gruppe s seien der Zahl nach m höher und n niederer als i, und ebenso p höher und q niederer als k, so kann die Anzahl aller Indices innerhalb der Gruppe s sowohl durch ($m + n$), als auch durch ($p + q$) ausgedrückt werden, und dies führt zu der Relation:

$$m + n = p + q.$$

Wird noch weiter angenommen, k sei höher als i, so lässt sich die Zahl der in Betracht zu nehmenden Inversionen in A und B in folgender Weise feststellen:

In der Form A sind zu berücksichtigen:

1) n Inversionen zwischen i und denjenigen s, welche gemäss der Annahme niederer als i sind und ihm nachfolgen.

2) p Inversionen, gebildet von k mit denjenigen s, welche, wie vorausgesetzt wird, höher als k sind und vorhergehen.

Die Zahl aller Inversionen in A, soweit sie hier in Frage kommen, beträgt mithin:

$$A = n + p.$$

Ebenso müssen in der Form B in Anrechnung gebracht werden:

1) m Inversionen zwischen i und denjenigen s, welche höher als i vorausgesetzt sind und diesem vorangehen.

2) q Inversionen zwischen k und denjenigen s, welche niederer als k sind und in der zweiten Form dem k nachfolgen.

3) Die eine Inversion, welche in B k mit i selbst bildet.

Die Zahl aller Inversionen in B, die hier berücksichtigt werden müssen, beläuft sich mithin auf:

$$B = m + q + 1,$$

und hiernach kann der Unterschied der beiden Inversionszahlen ausgedrückt werden durch die Formel:

$$D = A - B = (n + p) - (m + q + 1).$$

Wird die oben angeführte Identität $m + n = p + q$ hiermit verbunden, so geht daraus D in einer von beiden Formen hervor:

$$D = 2(p - m) - 1, \quad \text{oder:} \quad D = 2(n - q) - 1,$$

und wir erkennen daraus, dass D eine ungerade Zahl sein muss.

An dieser Thatsache wird auch durch die andere Annahme, i sei höher als k, nichts geändert; dann würde nämlich die Inversionszahl in A um 1 grösser, in B um 1 kleiner und D um 2 grösser anzunehmen sein, mithin D eine ungerade Zahl bleiben.

Anmerkung: Am Schlusse des nächsten Abschnittes werden wir noch einen anderen Beweis für diesen Satz geben.

§. 3. Das Differenzenprodukt.

Aus den Elementen der Reihe

$$a_0, a_1, a_2 \ldots a_{i-1}, a_i, a_{i+1} \ldots a_{k-1}, a_k, a_{k+1} \ldots a_n \,(A)$$

stellen wir in der Weise Differenzen her, dass wir jedes Element von allen dem Range nach höheren abziehen. Werden die so gewonnenen Differenzen sämmtlich zu dem Produkte

$$
\begin{aligned}
P = &(a_1-a_0)(a_2-a_0)(a_3-a_0)\ldots(a_i-a_0)\ldots(a_k-a_0)\ldots(a_n-a_0)\\
&(a_2-a_1)(a_3-a_1)\ldots(a_i-a_1)\ldots(a_k-a_1)\ldots(a_n-a_1)\\
&(a_3-a_2)\ldots(a_i-a_2)\ldots(a_k-a_2)\ldots(a_n-a_2)\\
&\cdots\cdots\cdots\cdots\cdots\cdots\cdots\cdots\cdots\\
&\qquad\quad(a_i-a_{i-1})\ldots(a_k-a_{i-1})\ldots(a_n-a_{i-1})\\
&\cdots\cdots\cdots\cdots\cdots\cdots\cdots\cdots\cdots\\
&\qquad\qquad\qquad(a_k-a_{k-1})\ldots(a_n-a_{k-1})\\
&\cdots\cdots\cdots\cdots\cdots\cdots\cdots\cdots\cdots\\
&\qquad\qquad\qquad\qquad\qquad(a_n-a_{n-1})
\end{aligned}
$$

(3)

vereinigt, so hat dasselbe die wichtige Eigenschaft, dass es beim Wechsel von zwei Elementen seinen absoluten Werth unverändert beibehält und nur das Vorzeichen wechselt. Nennen wir also, nachdem a_i mit a_k getauscht ist, das Produkt P_1, so muss bewiesen werden, dass $P_1 = -P$ ist.

Nach dem erwähnten Wechsel stehen die Elemente in folgender Reihe:

$$a_0\, a_1\, a_2 \ldots a_{i-1}\, a_k\, a_{i+1} \ldots a_{k-1}\, a_i\, a_{k+1} \ldots a_n \;(B).$$

Die Form des Produktes zeigt uns, dass es jede nur mögliche Differenz zwischen je zweien der Elemente als Factor enthält, und dass dies auch noch dann der Fall sein muss, wenn a_i seinen Ort mit a_k getauscht hat. Daraus ziehen wir nun den Schluss, dass hinsichtlich des absoluten Werthes die einzelnen Factoren von P und P_1 übereinstimmen müssen, womit nachgewiesen ist, dass auch P und P_1 gleiche absolute Werthe besitzen. Die Differenzen der einzelnen Elementepaare entstehen in der Weise, dass immer das in der Elementenreihe voranstehende Element von dem nachfolgenden abgezogen wird, niemals umgekehrt, und daher muss der Tausch von a_i mit a_k bei einer Anzahl dieser Differenzen Zeichenwechsel veranlassen, deren Einwirkung auf das ganze Produkt untersucht werden muss. Klar ist, dass diejenigen Differenzen, welche weder von a_i noch von a_k abhängen, bei dem erwähnten Tausche auch hinsichtlich des Vorzeichens unverändert bleiben. Das Gleiche lässt sich übrigens auch von einer beträchtlichen Anzahl derjenigen Differenzen behaupten, welche a_i und a_k mit den übrigen Elementen hervorbringen, und zwar sind dies:

1) Alle Differenzen zwischen a_i und a_k und den Elementen a_0, a_1, a_2 ... bis a_{i-1}, weil diese auch in der Reihe B, wie in A, den vertauschten Elementen vorausgehen.

2) Diejenigen Differenzen, welche von a_i und a_k mit a_{k+1}, a_{k+2}, a_{k+3}, ... bis a_n gebildet werden, weil diese auch in der Reihe B, genau wie in A, den vertauschten Elementen nachfolgen.

Es bleibt uns jetzt noch übrig zu untersuchen, welchen Einfluss der Wechsel von a_i mit a_k auf die Vorzeichen derjenigen Differenzen ausübt, die gebildet werden von a_i und a_k mit den Elementen, welche in A und in B zwischen ihnen stehen. Nennen wir ein solches Element a_s, so entsprechen ihm aus der Reihe A die beiden Differenzen $(a_s - a_i)$ und $(a_k - a_s)$, während dieselben, aus der Reihe B entnommen, $(a_i - a_s)$ und $(a_s - a_k)$ heissen, weil ja stets das vorhergehende Element von dem nachfolgenden abgezogen werden muss.

Dieser Vergleich überzeugt uns, dass die bezeichneten Differenzen beim Wechsel von a_i mit a_k alle die Vorzeichen wechseln. Dennoch wird hierdurch das Vorzeichen des Produktes nicht verändert, weil diese Differenzen in gerader Zahl auftreten müssen, indem jedem zwischen a_i und a_k stehenden Elemente zwei Differenzen entsprechen. So bleibt nur noch die Differenz $(a_k - a_i)$ zu berücksichtigen, welche sich in $(a_i - a_k)$ umwandelt, d. h. ebenfalls das Vorzeichen wechselt. Da aber dieser Zeichenwechsel nicht, wie solches vorher der Fall war, durch einen correspondirenden aufgehoben wird, so veranlasst er einen Zeichenwechsel des ganzen Produktes, und daher muss $P_1 = -P$ sein.

Indem wir uns die weitere Entwickelung des Productes P vorbehalten, begründen wir auf die eben bewiesene Eigenschaft desselben einen zweiten Beweis des Satzes, dass in jeder Permutationsform der Tausch von zwei Elementen einen Klassenwechsel der Form zur Folge hat. Ist

$$a_{i_0}\, a_{i_1}\, a_{i_2} \ldots \ldots a_{i_k} \ldots \ldots a_{i_s} \ldots \ldots a_{i_n}$$

eine solche Permutationsform, so bilden deren Indices die folgende Reihe:

$$i_0\; i_1\; i_2 \ldots \ldots i_k \ldots \ldots i_s \ldots \ldots i_n \quad (4)$$

So würden z. B. der Form $a_5\, a_3\, a_7\, a_2\, a_6\, a_1\, a_4$ die Werthe entsprechen: $i_0 = 5;\; i_1 = 3;\; i_2 = 7;\; i_3 = 2;\; i_4 = 6;\; i_5 = 1;\; i_6 = 4$. Das der Indicesreihe entsprechende Differenzenprodukt heisst jetzt:

$$P = (i_1 - i_0)\, (i_2 - i_0)\, (i_3 - i_0) \ldots \ldots (i_n - i_0)$$
$$(i_2 - i_1)\, (i_3 - i_1) \ldots \ldots (i_n - i_1)$$
$$(i_3 - i_2) \ldots \ldots (i_n - i_2)$$
$$\ldots \ldots \ldots$$
$$(i_n - i_{n-1}).$$

So oft in Reihe (4) ein höherer Index einem niederen vorangeht, finden wir in diesem Producte eine negative Differenz, weil stets der vorausgehende Index von dem nachfolgenden abgezogen worden ist. Daher kommen in P ebenso viele negative Differenzen vor, als in der Indicesreihe (4) Inversionen stehen. Werden nun zwei Indices vertauscht, so ändert sich die Zahl der negativen Differenzen in P und die Zahl der Inversionen in (4) um gleich viel, und da wir wissen, dass das Product hierbei sein Vorzeichen wechselt, so darf auch behauptet werden, dass die Zahl der negativen Differenzfactoren in P, und damit auch die Zahl der Inversionen in (4), um eine ungerade Zahl zu- oder abnimmt. Wie bekannt ist, wird hierdurch ein Klassenwechsel der Permutationsform bewirkt.

§. 4. Begriffsentwickelung, Bildungsweise und Definition einer Determinante.

Aus den beiden Gleichungen

$$a_1 x + a_2 = 0 \qquad (5)$$
$$b_1 x + b_2 = 0$$

ergeben sich für die Unbekannten die Werthe: $x = -a_2 : a_1$ und $x = -b_2 : b_1$. Sollen die beiden Lösungen gleich werden, so müssen die Constanten der Bedingung entsprechen:

$$a_2 : a_1 = b_2 : b_1, \text{ oder } a_1 b_2 - a_2 b_1 = 0.$$

Zu der nämlichen Relation wird man gelangen, wenn man die Unbekannten in beiden Gleichungen als gleichwerthig ansieht und eliminirt. Die linke Seite, nämlich die Form:

$$a_1 b_2 - a_2 b_1 \qquad (6)$$

wird die Determinante der Constanten beider Gleichungen genannt. Dieselbe kann auch ohne Auflösung der Gleichungen auf folgende Weise erhalten werden: Löscht man in (5) die Unbekannten und Verbindungszeichen weg, so bleibt das folgende Schema der Constanten zurück:

$$\begin{vmatrix} a_1 & a_2 \\ b_1 & b_2 \end{vmatrix} \qquad (7)$$

und hieraus gehen die beiden Theile der Determinante dadurch hervor, dass man die Constanten nach den Richtungen der Diagonalen zu Produkten vereinigt und das Glied mit umgekehrter Indicesform von dem anderen abzieht.

Beispiel.
$$3x + 6 = 0$$
$$5x + 10 = 0$$
$$\begin{vmatrix} 3 & 6 \\ 5 & 10 \end{vmatrix} = 3 \cdot 10 - 6 \cdot 5 = 0$$

Der gemeinsame Werth ist $x = -2$, die Determinante verschwindet.

Wenn wir ebenso aus zweien von den drei Gleichungen:

$$a_1 x + a_2 y + a_3 = 0$$
$$b_1 x + b_2 y + b_3 = 0 \qquad (8)$$
$$c_1 x + c_2 y + c_3 = 0$$

die Unbekannten x und y berechnen und ihre Werthe in die dritte substituiren, oder wenn wir durch irgend ein anderes Verfahren die beiden Unbekannten aus den drei Gleichungen eliminiren, so erhalten wir wieder die Bedingung, unter welcher die drei Gleichungen zwischen nur zwei Unbekannten zugleich bestehen können. Die linke Seite dieser auf Null gebrachten Bedingungsgleichung, nämlich die Form:

$$a_1 b_2 c_3 - a_1 b_3 c_2 + a_2 b_3 c_1 - a_2 b_1 c_3 + a_3 b_1 c_2 - a_3 b_2 c_1 \quad (9)$$

ist wieder die Determinante aus den Constanten der drei Gleichungen. Entnimmt man auch jetzt dem Systeme (8) das folgende Schema:

$$\begin{vmatrix} a_1 & a_2 & a_3 \\ b_1 & b_2 & b_3 \\ c_1 & c_2 & c_3 \end{vmatrix}, \qquad (10)$$

so können daraus die einzelnen Theile der Determinante abgeleitet werden, indem man zuerst die Constanten a_1, b_2, c_3, welche in der Richtung der einen Diagonale stehen, zu dem Produkte $a_1 b_2 c_3$ vereinigt, und daraus dann die übrigen Glieder ableitet. Das Glied $a_1 b_2 c_3$ wird das Haupt- oder Diagonalglied der Determinante genannt, die entsprechende Diagonale ist die Hauptdiagonale des Schemas. Die Grössen a_1, a_2, a_3, b_1, b_2, b_3, c_1, c_2, c_3 heissen Elemente der Determinante. Die Ableitung der sämmtlichen Determinantenglieder aus dem Hauptgliede wird nach folgender Regel ausgeführt: Mit dem Hauptgliede beginnend, leitet man jedes folgende Glied aus dem vorhergehenden dadurch ab, dass man in diesem zwei Indices vertauscht und das Vorzeichen wechselt, doch hierbei darauf achtet, dass sich nicht Glieder von gleicher Indicesform wiederholen. Das Verfahren ist erst dann beendet, nachdem alle möglichen Permutationen der Indices gebildet sind. Die Form (9) kann so aus dem Anfangsgliede hergeleitet werden.

Nach der vorstehenden Regel ist die Wahl der Reihenfolge, in welcher die Indicespaare vertauscht werden können, dem Ausführenden ganz überlassen, d. h. beliebig, und deshalb bleibt uns noch übrig zu beweisen, dass das Resultat, d. h. die Determinante, von dieser Reihenfolge ganz unabhängig ist, indem die verschiedensten Abwechselungen in dieser Beziehung zu der nämlichen letzten Form führen. In der Absicht, die Richtigkeit dieser Behauptung vor der Hand nur empirisch nachzuweisen, lassen wir noch einige andere Arten der Ableitung nachfolgen:

$$a_1 b_2 c_3 - a_3 b_2 c_1 + a_2 b_3 c_1 - a_1 b_3 c_2 + a_3 b_1 c_2 - a_2 b_1 c_3;$$
$$a_1 b_2 c_3 - a_2 b_1 c_3 + a_2 b_3 c_1 - a_1 b_3 c_2 + a_3 b_1 c_2 - a_3 b_2 c_1;$$
$$a_1 b_2 c_3 - a_2 b_1 c_3 + a_3 b_1 c_2 - a_1 b_3 c_2 + a_2 b_3 c_1 - a_3 b_2 c_1.$$

Die völlige Uebereinstimmung dieser Formen mit der unter (9) angeführten kann durch Vergleich leicht nachgewiesen werden.

Wenn auch dieses letzte Beispiel schon hinreichen würde, um die Definition der Determinante festzustellen, so soll doch weiter auch noch ein System von vier Gleichungen zwischen nur drei Unbekannten hierbei in Betracht gezogen werden:

$$
\begin{aligned}
a_1\, x + a_2\, y + a_3\, z + a_4 &= 0,\\
b_1\, x + b_2\, y + b_3\, z + b_4 &= 0,\\
c_1\, x + c_2\, y + c_3\, z + c_4 &= 0,\\
d_1\, x + d_2\, y + d_3\, z + d_4 &= 0.
\end{aligned}
\qquad (11)
$$

Wir suchen wieder die Bedingung auf, unter welcher es möglich ist, dass diesen vier Gleichungen die nämlichen Werthe der drei Unbekannten genügen können. Zu dem Zwecke können wieder die Werthe der drei Unbekannten, wie solche aus drei der Gleichungen hervorgehen, in die vierte substituirt, oder die drei Unbekannten aus den vier Gleichungen sonstwie eliminirt werden. Wird die gefundene Relation auf Null gebracht, so ist die andere Seite aus folgenden Theilen zusammengesetzt:

$$
\begin{array}{lll}
+\ a_1\, b_2\, c_3\, d_4 & +\ a_2\, b_1\, c_4\, d_3 & +\ a_3\, b_4\, c_1\, d_2 \\
-\ a_1\, b_2\, c_4\, d_3 & -\ a_2\, b_1\, c_3\, d_4 & -\ a_3\, b_1\, c_4\, d_2 \\
+\ a_1\, b_3\, c_4\, d_2 & +\ a_2\, b_3\, c_1\, d_4 & +\ a_4\, b_1\, c_3\, d_2 \\
-\ a_1\, b_3\, c_2\, d_4 & -\ a_2\, b_3\, c_4\, d_1 & -\ a_4\, b_1\, c_2\, d_3 \\
+\ a_1\, b_4\, c_2\, d_3 & +\ a_3\, b_2\, c_4\, d_1 & +\ a_4\, b_2\, c_1\, d_3 \\
-\ a_1\, b_4\, c_3\, d_2 & -\ a_3\, b_2\, c_1\, d_4 & -\ a_4\, b_2\, c_3\, d_1 \\
+\ a_2\, b_4\, c_3\, d_1 & +\ a_3\, b_1\, c_2\, d_4\ . & +\ a_4\, b_3\, c_2\, d_1 \\
-\ a_2\, b_4\, c_1\, d_3 & -\ a_3\, b_4\, c_2\, d_1 & -\ a_4\, b_3\, c_1\, d_2
\end{array}
$$

Auch jetzt wird die Summe dieser Produkte die Determinante aus den Constanten der gegebenen Gleichungen genannt. Sollen die vier Gleichungen zwischen nur drei Unbekannten zugleich bestehen können, so muss diese Determinante verschwinden. Aus den Gleichungen kann nun das nachfolgende Schema leicht gewonnen werden:

$$
\varDelta = \begin{vmatrix}
a_1 & a_2 & a_3 & a_4 \\
b_1 & b_2 & b_3 & b_4 \\
c_1 & c_2 & c_3 & c_4 \\
d_1 & d_2 & d_3 & d_4
\end{vmatrix} \qquad (13)
$$

Sollen aus diesem Schema die obigen Produkte abgeleitet werden, so bildet man zuerst das Diagonalglied und geht, mit diesem beginnend, zu jedem folgenden dadurch über, dass man in dem vorhergehenden ein beliebiges Indicespaar vertauscht und des Gliedes Vorzeichen wechselt, und das Verfahren schliesst, nachdem alle Permutationsformen der Indices abgeleitet sind. Schon bei diesen vier Indices herrscht hinsichtlich der Reihenfolge, in welcher dieselben paarweise gewechselt werden können, eine solche Mannigfaltigkeit, dass wir allgemein nachweisen müssen, dass alle Ableitungsweisen zu der nämlichen Determinante führen. Wir fassen zu dem Ende die Beziehungen ins Auge, welche bei den einzelnen Gliedern zwischen der Klasse der Indicesform und dem Vorzeichen bestehen. Weil jeder Tausch von zwei Indices nach dem Modus der Ableitung einen Vorzeichenwechsel und nach dem früher bewiesenen Satze einen Klassenwechsel der Indicesform zur Folge hat, so müssen gleiche Vorzeichen mit gleicher

Klasse der Indicesform zusammenfallen. Da nun das erste oder Diagonalglied positiv ist und zur ersten Klasse gehört, weil seine Indices die natürliche Reihenfolge einhalten, so muss auch das dritte, fünfte, siebente u. s. w. Glied positiv sein und zur ersten, dagegen das zweite, vierte, sechste u. s. w. Glied negativ sein und zur zweiten Klasse gehören. Hiernach besteht das unterscheidende Merkmal der positiven von den negativen Gliedern darin, dass bei jedem positiven Gliede die Indicesform eine gerade, bei jedem negativen dagegen eine ungerade Anzahl von Inversionen enthält, oder, kurz gesagt, dass die Indicesformen der positiven Glieder zur ersten, die der negativen dagegen zur zweiten Klasse gehören.

Werden die an diesen Beispielen gewonnenen Begriffe und Regeln verallgemeinert, so geht daraus das Ableitungsgesetz und die davon abhängende Definition einer Determinante allgemein gültig hervor. Hiernach ist eine Determinante völlig bestimmt, wenn 4, 9, 16, 25 u. s. w., allgemein n^2 Zahlenwerthe als Elemente gegeben und zugleich in ein Schema von der Form

$$\varDelta = \begin{vmatrix} a_1 \, a_2 \, a_3 \, \ldots \ldots \, a_n \\ b_1 \, b_2 \, b_3 \, \ldots \ldots \, b_n \\ c_1 \, c_2 \, c_3 \, \ldots \ldots \, c_n \\ \cdots \cdots \cdots \cdots \cdots \\ n_1 \, n_2 \, n_3 \, \ldots \ldots \, n_n \end{vmatrix} \qquad (14)$$

so eingereiht sind, dass jedem Elemente ein ganz bestimmter Ort innerhalb des Schemas angewiesen ist, und zwar in der Weise, dass der Buchstaben die Reihe, der Index die Colonne des Elementes genau anzeigt. Werden nun die Elemente der Hauptdiagonale zu dem Producte

$$a_1 \, b_2 \, c_3 \, d_4 \, \ldots \ldots \, n_n$$

vereinigt, dann bei unveränderter Folge der Buchstaben die Indices dieses Gliedes permutirt, und endlich die so entstandenen Producte mit dem positiven oder negativen Vorzeichen versehen, je nachdem die Indicesform eine gerade oder ungerade Anzahl von Inversionen zählt, d. h. zur ersten oder zweiten Klasse gehört, so wird die Summe dieser Producte die Determinante der gegebenen Elemente genannt. Eine Determinante ist vom zweiten, dritten, vierten u. s. w. Grade, wenn in den Reihen oder Colonnen des Schemas 2, 3, 4 u. s. w. Elemente stehen und desshalb auch in ihren einzelnen Gliedern ebenso viele Elemente zu Producten verbunden sind.

So lange die Elemente nicht als besondere Zahlenwerthe gegeben, sondern, wie in (14), nur durch allgemeine Symbole dargestellt sind, reicht das Diagonalglied $a_1 \, b_2 \, c_3 \ldots n_n$ vollständig hin, um sowohl das Schema daraus aufzubauen, als auch die Ableitung aller Determinantenglieder auszuführen. Man pflegt desshalb die Determinante symbolisch nur durch ihr Diagonalglied darzustellen, indem man dazu eine der beiden Formen benutzt:

(15) $\qquad \Sigma \pm a_1 \, b_2 \, c_3 \ldots n_n$, oder: $(a_1 \, b_2 \, c_3 \ldots n_n)$.

Zur Uebung folgt noch die Entwicklung einiger Determinanten nach den gegebenen Regeln. Die Indices sind nicht mehr, wie früher, durch fortgesetztes Vertauschen der Paare, sondern auf gewöhnliche Weise permutirt und die Vorzeichen nach der Klasse der Indicesform bestimmt. So ist:

$$\Sigma \pm a_1 \, b_2 \, c_3 = a_1 \, b_2 \, c_3 - a_1 \, b_3 \, c_2 - a_2 \, b_1 \, c_3 \qquad (16)$$
$$+ \, a_2 \, b_3 \, c_1 + a_3 \, b_1 \, c_2 - a_3 \, b_2 \, c_1$$

Zur Entwicklung einer Determinante vom dritten Grade kennt man ein einfacheres Verfahren, welches durch das nachfolgende Schema veranschaulicht werden soll:

$$\varDelta = \begin{vmatrix} a_1 & a_2 & a_3 \\ b_1 & b_2 & b_3 \\ c_1 & c_2 & c_3 \end{vmatrix} \begin{matrix} a_1 & a_2 \\ b_1 & b_2 \\ c_1 & c_2 \end{matrix} \qquad (17)$$

$$\varDelta = a_1 \, b_2 \, c_3 + a_2 \, b_3 \, c_1 + a_3 \, b_1 \, c_2 - a_3 \, b_2 \, c_1 - a_1 \, b_3 \, c_2 - a_2 \, b_1 \, c_3 \, .$$

Wie hieraus ersichtlich ist, sind dem Schema auf der rechten Seite die beiden ersten Colonnen beigesetzt. Durch Multiplication in der Richtung der Hauptdiagonale und parallel dazu entstehen die drei positiven, durch Multiplication in der Richtung der zweiten Diagonale und parallel zu ihr entstehen die drei negativen Glieder. Auch Determinanten aus gewöhnlichen Zahlen mögen hier eine Stelle finden.

$$\varDelta_1 = \begin{vmatrix} 2 & 5 & 3 \\ 4 & 7 & 8 \\ 9 & 2 & 6 \end{vmatrix} \begin{matrix} 2 & 5 \\ 4 & 7 \\ 9 & 2 \end{matrix} ; \qquad \varDelta_2 = \begin{vmatrix} 5 & -3 & 11 \\ 2 & 7 & 8 \\ 1 & -9 & 4 \end{vmatrix} \begin{matrix} 5 & -3 \\ 2 & 7 \\ 1 & -9, \end{matrix}$$

$$\varDelta_1 = 2.7.6 + 5.8.9 + 3.4.2 - 3.7.9 - 2.8.2 - 5.4.6 = 127,$$

$$\varDelta_2 = 5.7.4 + (-3).8.1 + 11.2.(-9) - 11.7.1 - 5.8.(-9)$$
$$- (-3).2.4 = 225.$$

Wir lassen jetzt noch eine Determinante vom vierten Grade folgen. Die Indices des Diagonalgliedes wurden wieder auf gewöhnliche Weise permutirt und die Vorzeichen der einzelnen Glieder nach der Klasse der zugehörigen Indicesform bestimmt.

$$\varDelta = \begin{vmatrix} a_1 & a_2 & a_3 & a_4 \\ b_1 & b_2 & b_3 & b_4 \\ c_1 & c_2 & c_3 & c_4 \\ d_1 & d_2 & d_3 & d_4 \end{vmatrix} = \qquad (17)$$

$$
\begin{array}{lll}
+\, a_1\, b_2\, c_3\, d_4 & +\, a_2\, b_3\, c_1\, d_4 & +\, a_3\, b_4\, c_1\, d_2 \\
-\, a_1\, b_2\, c_4\, d_3 & -\, a_2\, b_3\, c_4\, d_1 & -\, a_3\, b_4\, c_2\, d_1 \\
-\, a_1\, b_3\, c_2\, d_4 & -\, a_2\, b_4\, c_1\, d_3 & -\, a_4\, b_1\, c_2\, d_3 \\
+\, a_1\, b_3\, c_4\, d_2 & +\, a_2\, b_4\, c_3\, d_1 & +\, a_4\, b_1\, c_3\, d_2 \\
+\, a_1\, b_4\, c_2\, d_3 & +\, a_3\, b_1\, c_2\, d_4 & +\, a_4\, b_2\, c_1\, d_3 \\
-\, a_1\, b_4\, c_3\, d_2 & -\, a_3\, b_1\, c_4\, d_2 & -\, a_4\, b_2\, c_3\, d_1 \\
-\, a_2\, b_1\, c_3\, d_4 & -\, a_3\, b_2\, c_1\, d_4 & -\, a_4\, b_3\, c_1\, d_2 \\
+\, a_2\, b_1\, c_4\, d_3 & +\, a_3\, b_2\, c_4\, d_1 & +\, a_4\, b_3\, c_2\, d_1
\end{array}
$$

Die vorstehende Summe von Producten ist gleichsam als eine Formel anzusehen, aus welcher die Werthe aller Determinanten vierten Grades dadurch hervorgehen, dass man statt der Symbole die besonderen Zahlenwerthe der Elemente setzt, z. B.

$$\varDelta = \begin{vmatrix} 2 & 5 & 9 & 3 \\ 1 & -4 & 6 & 5 \\ 10 & 0 & 5 & 7 \\ 8 & 11 & 6 & 1 \end{vmatrix}$$

Hier ist: $a_1 = 2$; $a_2 = 5$; $a_3 = 9$; $a_4 = 3$; $b_1 = 1$; $b_2 = -4$; $b_3 = 6$; $b_4 = 5$ u. s. w., und daher $a_1\, b_2\, c_3\, d_4 = 2 \cdot (-4) \cdot 5 \cdot 1 = -40$; $-a_1\, b_2\, c_4\, d_3 = -2 \cdot (-4) \cdot 7 \cdot 6 = 336$; $-a_1\, b_3\, c_2\, d_4 = -2 \cdot 6 \cdot 0 \cdot 1 = 0$; $a_1\, b_3\, c_4\, d_2 = 2 \cdot 6 \cdot 7 \cdot 11 = 924$ u. s. w.

Bei der Ableitung der Determinantenglieder wurden seither nur die Colonnenzeiger, Indices genannt, permutirt, dagegen die Buchstaben oder Reihenzeiger in unveränderter Folge beibehalten. Die Elemente des nämlichen Gliedes gehören desshalb verschiedenen Reihen und verschiedenen Colonnen an. Man kann sich die Zusammensetzung der Glieder aus den Elementen desswegen auch so ausgeführt denken, dass man, um ein Glied aus den Elementen zusammenzusetzen, von Reihe zu Reihe übergehend, einer jeden je ein Element entnimmt und darauf achtet, dass dieselben zugleich verschiedenen Colonnen angehören. Nun kann es nicht zweifelhaft sein, dass die nämlichen Verbindungen der Elemente entstehen müssen, wenn man in gleicher Weise die Colonnen durchschreitet und aus jeder je ein Element so auswählt, dass sie verschiedenen Reihen angehören. Diese Verbindungen unterscheiden sich von den vorhergehenden nur dadurch, dass hier die Buchstaben oder Reihenzeiger permutirt sind, während die Colonnenzeiger die natürliche Ordnung festhalten. Dass sich aber auch jetzt noch die Vorzeichen in bekannter Weise aus der Klasse der Permutationsformen bestimmen lassen, weisen wir kurz dadurch nach, dass wir zwei Entwicklungen einer Determinante vierten Grades so nebeneinander stellen, dass in der einen die Indices, in der anderen die entsprechenden Buchstaben vertauscht sind, während in der ersten die Buchstaben, in der zweiten die Indices ihre natürliche Folge beibehalten.

Erste Form:

1) $+ a_1 b_2 c_3 d_4$
2) $- a_1 b_2 c_4 d_3$
3) $+ a_1 b_3 c_4 d_2$
4) $- a_1 b_3 c_2 d_4$
5) $+ a_1 b_4 c_2 d_3$
6) $- a_1 b_4 c_3 d_2$
7) $+ a_2 b_4 c_3 d_1$
8) $- a_2 b_4 c_1 d_3$
9) $+ a_2 b_3 c_1 d_4$
10) $- a_2 b_3 c_4 d_1$
11) $+ a_2 b_1 c_4 d_3$
12) $- a_2 b_1 c_3 d_4$

Zweite Form:

1) $+ a_1 b_2 c_3 d_4$
2) $- a_1 b_2 d_3 c_4$
3) $+ a_1 d_2 b_3 c_4$
4) $- a_1 c_2 b_3 d_4$
5) $+ a_1 c_2 d_3 b_4$
6) $- a_1 d_2 c_3 b_4$
7) $+ d_1 a_2 c_3 b_4$
8) $- c_1 a_2 d_3 b_4$
9) $+ c_1 a_2 b_3 d_4$
10) $- d_1 a_2 b_3 c_4$
11) $+ b_1 a_2 d_3 c_4$
12) $- b_1 a_2 c_3 d_4$

u. s. w.

Die Glieder unter gleichen Ordnungsnummern stimmen in dieser Zusammenstellung genau überein, indem sie aus den nämlichen Elementen zusammengesetzt sind, gleich viele Inversionen zählen und gleiche Vorzeichen haben. Daher können aus dem Hauptgliede die übrigen Determinantenglieder auch in der Art abgeleitet werden, dass man die Buchstaben oder Reihenindices permutirt und die gewöhnlichen oder Colonnenindices in unveränderter Folge beibehält.

Diese übereinstimmende Bedeutung der Reihen- und der Colonnenindices tritt deutlicher hervor, wenn wir auch die Reihen durch beigefügte Zahlen angeben, indem wir unter dem Symbol a_{pq} ein Element verstehen, das in der p^{ten} Reihe und in der q^{ten} Colonne steht. Das frühere Schema (14) erscheint nach dieser veränderten Bezeichnungsart der Elemente in der folgenden Gestalt:

$$I = \begin{vmatrix} a_{11} & a_{12} & a_{13} & \cdots & a_{1n} \\ a_{21} & a_{22} & a_{23} & \cdots & a_{2n} \\ a_{31} & a_{32} & a_{33} & \cdots & a_{3n} \\ \cdots & \cdots & \cdots & \cdots & \cdots \\ a_{n1} & a_{n2} & a_{n3} & \cdots & a_{nn} \end{vmatrix} \quad (19)$$

Während die ersten Indices die Reihen der Elemente anzeigen, geben die zweiten ihre Colonnen an. Um aus dem Diagonalgliede $a_{11} a_{22} a_{33} \cdots a_{nn}$ die übrigen herzuleiten, darf man sowohl die ersten, als auch die zweiten Indices permutiren, nur müssen die nichtpermutirten in allen Gliederreihen die ursprüngliche Folge unverändert beibehalten. Der Modus der Ausführung soll wieder an einer Determinante vom dritten Grade gezeigt werden:

$$J = \begin{vmatrix} a_{11} & a_{12} & a_{13} \\ a_{21} & a_{22} & a_{23} \\ a_{31} & a_{32} & a_{33} \end{vmatrix}$$

Man bildet folgende Zusammenstellung:

123	123	123	123	123	123
123	132	213	231	312	321 .

Die übereinander stehenden Indicespaare gehören zusammen; man hängt sie dem Symbole a an, bestimmt in bekannter Weise die Vorzeichen und erhält:

$$J = a_{11} a_{22} a_{33} - a_{11} a_{23} a_{32} - a_{12} a_{21} a_{33} + a_{12} a_{23} a_{31}$$
$$+ a_{13} a_{21} a_{32} - a_{13} a_{22} a_{31} ,$$

oder:

$$J = a_{11} a_{22} a_{33} - a_{11} a_{32} a_{23} - a_{21} a_{12} a_{33} + a_{21} a_{32} a_{13}$$
$$+ a_{31} a_{12} a_{23} - a_{31} a_{22} a_{13} .$$

Beide Entwicklungen sind dem Werthe nach gleich, der Form nach verschieden, indem in der ersten die Indices der Colonnen, in der zweiten diejenigen der Reihen permutirt sind.

Da es hiernach gleichgültig ist, ob man die Colonnenindices permutirt, oder die der Reihen, so dürfen wir folgenden Satz als leicht nachweisbar ansehen:

Lehrsatz: Werden in dem Schema einer Determinante die Reihen in unveränderter Folge in Colonnen umgewandelt (die Colonnen werden dabei von selbst zu Reihen), so bleibt der Werth der Determinante unverändert.

Vorausgesetzt, dass gleiche Symbole gleiche Zahlenwerthe repräsentiren, muss also

$$
\underset{J_1}{\begin{vmatrix} a_1 & a_2 & \ldots & a_n \\ b_1 & b_2 & \ldots & b_n \\ \ldots & \ldots & \ldots & \ldots \\ n_1 & n_2 & \ldots & n_n \end{vmatrix}} = \underset{J_2}{\begin{vmatrix} a_1 & b_1 & \ldots & n_1 \\ a_2 & b_2 & \ldots & n_2 \\ \ldots & \ldots & \ldots \\ a_n & b_n & \ldots & n_n \end{vmatrix}} \qquad (19)
$$

sein. Beide Schemata haben das gemeinschaftliche Diagonalglied $a_1 b_2 c_3 \ldots n_n$. Werden die Indices desselben permutirt und die einzelnen Vorzeichen nach der Klasse der Indicesformen bestimmt, so kann diese Entwicklung sowohl für J_1, als auch für J_2 gelten. Der Unterschied liegt nur darin, dass die permutirten Indices in J_1 die Colonnen, in J_2 die Reihen bezeichnen.

Beispiel.
$$
J_1 = \begin{vmatrix} 2 & 5 & -3 \\ 4 & 7 & 2 \\ 6 & 8 & 4 \end{vmatrix} = \begin{matrix} +2.7.4 & -(-3).7.6 \\ +5.2.6 & -2.2.8 \\ +(-3).4.8 & -5.4.4 \end{matrix} = 34.
$$

$$
J_2 = \begin{vmatrix} 2 & 4 & 6 \\ 5 & 7 & 8 \\ -3 & 2 & 4 \end{vmatrix} = \begin{matrix} +2.7.4 & -6.7.(-3) \\ +4.8.(-3) & -2.8.2 \\ +6.5.2 & -4.5.4 \end{matrix} = 34.
$$

§. 5. Entwicklung der Determinantenglieder aus dem Differenzenprodukt.

Wir haben in §. 3 bereits nachgewiesen, dass das Produkt
$$
P = (a_1-a_0)(a_2-a_0)(a_3-a_0)\ldots\ldots(a_n-a_0)
$$
$$
(a_2-a_1)(a_3-a_1)\ldots\ldots(a_n-a_1)
$$
$$
(a_3-a_2)\ldots\ldots(a_n-a_2)
$$
(20)
$$
\ldots\ldots\ldots\ldots\ldots\ldots
$$
$$
(a_n-a_{n-1})
$$
sein Vorzeichen wechselt, wenn zwei Elemente vertauscht werden. Dieser Eigenschaft fügen wir jetzt noch die weitere hinzu, dass dieses Produkt verschwindet, wenn zwei Elemente gleich werden, weil dann eine Differenz verschwindet. Was nun die wirkliche Ausrechnung des Produktes anbelangt, so ist eine direkte Multiplication von Factor zu Factor schon darum nicht wohl möglich, weil die Anzahl der Factoren unbestimmt ist, und desshalb sehen wir uns nach weiteren Eigenschaften dieses Produktes um, durch welche dessen Herstellung auf indirecte Weise ermöglicht wird. Die Anzahl aller Differenzfactoren erhalten wir aus der Formel
$$
s = n + (n-1) + (n-2) + \ldots\ldots + 3 + 2 + 1 = \frac{n(n+1)}{2}.
$$

Aus 2, 3, 4 solcher Differenzen gehen Produkte hervor, welche aus 4, 8, 16 Gliedern bestehen, und da allgemein ein Produkt aus k Differenzen doppelt so viele Glieder enthält, als ein solches aus $(k-1)$ Differenzen, so muss P im Ganzen aus $2^{\frac{n(n+1)}{2}}$ Gliedern zusammengesetzt sein, wobei freilich auch diejenigen mitgezählt sind, welche sich bei weiterer Reduktion aufheben oder vereinigen lassen. Die Glieder müssen ferner zur Hälfte positiv und zur Hälfte negativ sein. Als Beispiel soll das Produkt entwickelt werden, welches aus den drei Elementen a_0, a_1, a_2 hervorgeht und heisst:

$$P = (a_1 - a_0)\,(a_2 - a_0)\,(a_2 - a_1),$$
$$P = a_1\,a_2{}^2 - a_0\,a_2{}^2 + a_0{}^2\,a_2 - a_1{}^2\,a_2 + a_0\,a_1{}^2 - a_0{}^2\,a_1.$$

Zwei weitere Glieder haben einander aufgehoben. Wird in jedem Theilprodukte das fehlende Element auf der Potenz Null als Factor zugesetzt, und werden die Indices natürlich geordnet, so gewinnt P die folgende Gestalt:

$$P = a_0{}^0\,a_1{}^1\,a_2{}^2 - a_0{}^0\,a_1{}^2\,a_2{}^1 - a_0{}^1\,a_1{}^0\,a_2{}^2$$
$$+ a_0{}^1\,a_1{}^2\,a_2{}^0 + a_0{}^2\,a_1{}^0\,a_2{}^1 - a_0{}^2\,a_1{}^1\,a_2{}^0.$$

Schreibt man nun in einer Determinante vom dritten Grade die Colonnenindices wie Exponenten an, so erhält man das folgende Schema:

$$\varDelta = \begin{vmatrix} a_0{}^0 & a_0{}^1 & a_0{}^2 \\ a_1{}^0 & a_1{}^1 & a_1{}^2 \\ a_2{}^0 & a_2{}^1 & a_2{}^2 \end{vmatrix} \qquad (21)$$

Werden die oberen Indices permutirt, so findet man:

$$\varDelta = a_0{}^0\,a_1{}^1\,a_2{}^2 - a_0{}^0\,a_1{}^2\,a_2{}^1 - a_0{}^1\,a_1{}^0\,a_2{}^2$$
$$+ a_0{}^1\,a_1{}^2\,a_2{}^0 + a_0{}^2\,a_1{}^0\,a_2{}^1 - a_0{}^2\,a_1{}^1\,a_2{}^0.$$

Vergleichen wir $\varDelta$ mit P, so finden wir sie der Form nach vollständig übereinstimmend; dagegen sind beide hinsichtlich ihrer Bedeutung ausserordentlich verschieden, indem die oberen Zahlen in P Exponenten, in $\varDelta$ nur Indices vorstellen, so dass die verschiedenen Potenzen der gleichen Basis in $\varDelta$ als selbstständige und von einander unabhängige Elemente auftreten. Es können mithin alle Eigenschaften, welche sich nur auf die Form des Produktes beziehen, auf die Determinante übertragen werden.

Als weitere Eigenschaft dieses Produktes führen wir an, dass die Summe der Exponenten, oder der Grad, in allen Gliedern gleich und $= \dfrac{n(n+1)}{2}$ ist, indem die Exponentensumme mit der

Zahl der Factoren übereinstimmen muss, weil die Differenzen homogen und vom ersten Grade sind. Da ferner jedes Element mit allen übrigen zu je einer Differenz verbunden ist, so müssen n Differenzfactoren das nämliche Element enthalten. So kommt z. B. a_0 in folgenden Differenzen vor:

$$(a_1 - a_0)\,(a_2 - a_0)\,(a_3 - a_0)\,\ldots\ldots\,(a_n - a_0).$$

Werden nun diese n Factoren unter sich und auch alle übrigen a_0 nicht enthaltenden Differenzen unter sich multiplicirt, und diese beiden Produkte wieder miteinander, so erhält man das ganze Produkt P, und zwar wird das Element a_0 in allen Theilen, einen einzigen ausgenommen, als Factor auftreten. Fügen wir auch diesem einzigen Theile den Factor $a_0{}^0$ zu, so dürfen wir behaupten, dass das Produkt P in jedem Theile irgend eine Potenz von a_0 aufzuweisen hat und zwar von $a_0{}^n$ bis $a_0{}^0$. Die übrigen Elemente treten gleichsam als Coefficienten mit den verschiedenen Potenzen von a_0 in Verbindung. Da nun die einzelnen Elemente sich in genau gleicher Weise an der Zusammensetzung des Produktes betheiligen, so dass bekanntlich der Tausch von zweien nur einen Vorzeichenwechsel des ganzen Produktes bewirkt, so muss das Gesagte nicht blos für a_0, sondern für jedes beliebige Element a_p Geltung haben, und wir können sagen, P ist für jedes beliebige Element von der Form:

$$P = A_0\,a_p{}^n + A_1\,a_p{}^{n-1} + A_2\,a_p{}^{n-2} + \ldots\ldots A_{n-1}\,a_p{}^1 + A_n\,a_p{}^0$$

Wie aber a_p, so muss auch jedes andere Element in jedem Theile von P auf irgend einer Potenz enthalten sein, und deswegen haben die einzelnen Glieder in Bezug auf alle Elemente die allgemeine Form:

$$\pm\,c\,.\,a_0{}^\alpha\,a_1{}^\beta\,a_2{}^\gamma\,\ldots\ldots\,a_n{}^\nu\,,$$

worin c eine noch zu bestimmende Constante bedeutet, deren Werth von den Elementen nicht abhängt. Um zuerst diesen zu ermitteln, müssen wir uns erinnern, dass P verschwindet, wenn zwei Elemente gleich werden, indem dann je zwei Glieder, die entgegengesetzte Vorzeichen haben, gleich werden und einander aufheben. Lässt man aber nach einander die verschiedenen Elementepaare gleich werden, so wird jedes positive Glied ein Mal jedem negativen gleich, und daraus folgt, dass der constante Factor c in allen Gliedern den nämlichen Werth haben muss. Stellen wir uns vor, die Multiplication in (20) sei ausgeführt, so wird ein Glied das Produkt aller ersten Theile der Differenzen sein und

$$a_1 \, a_2{}^2 \, a_3{}^3 \, a_4{}^4 \, \ldots \ldots \, a_n{}^n \qquad (22)$$

heissen. Da hier $c = 1$ ist, so muss auch in allen übrigen Theilen
$c = 1$ sein.

Es wurde oben bewiesen, dass das Produkt sein Vorzeichen
wechselt, wenn zwei Elemente vertauscht werden, und zwar hat
diese Erscheinung darin ihren Grund, dass jedem positiven Gliede
ein anderes mit negativem Vorzeichen entspricht, welche beide sich
nur dadurch von einander unterscheiden, dass zwei Elemente, resp.
deren Indices, vertauscht sind. Zur Veranschaulichung sollen die
beiden Formen dienen:

$$+ a_0{}^\alpha \ldots . a_k{}^\varkappa \ldots . a_r{}^\varrho \ldots . a_n{}^\nu$$
$$- a_0{}^\alpha \ldots . a_r{}^\varkappa \ldots . a_k{}^\varrho \ldots . a_n{}^\nu$$

Werden k und r gewechselt, so wird das erste zum zweiten und
das zweite zum ersten, jedoch mit unveränderten Vorzeichen, d. h.
beide Glieder erscheinen nach dem angeführten Indiceswechsel mit
umgekehrten Vorzeichen wieder. Diese Umwandlung der positiven
in gleichwerthige negative Glieder und umgekehrt bei dem ein-
fachen Wechsel von zwei Indices würde aber nicht möglich sein,
wenn wir annehmen wollten, dass in dem nämlichen Gliede zwei
gleiche Exponenten vorkommen könnten, weil ein Glied mit zwei
gleichen Exponenten unverändert bleiben muss, wenn die Indices,
welche zu diesen gleichen Exponenten gehören, vertauscht werden.
Hiermit erscheint aber die Behauptung gerechtfertigt, dass die
Exponenten eines und desselben Gliedes einmal ganze und positive,
ferner aber auch unter sich verschiedene Zahlen sein müssen.
Weiter ist bereits nachgewiesen worden, dass in einem jeden
Gliede die Summe aller Exponenten gleich $\dfrac{n(n+1)}{2}$ sein muss.
Wir drücken dies durch die Formel aus:

$$\alpha + \beta + \gamma + \ldots \ldots + \nu = \frac{n(n+1)}{2}.$$

Weil nun in jedem Gliede alle Elemente vertreten und diese in
der Anzahl $(n+1)$ gegeben sind, so muss auch die Anzahl aller
Exponenten eines jeden Gliedes $= (n+1)$ sein. So haben wir
zu Exponenten diejenigen Zahlen zu wählen, welche ganz und
positiv sind und den beiden angeführten Bedingungen genügen.
Dass aber die natürliche Reihe der Zahlen von 0 bis n alle Anforderungen erfüllt, beweist uns die folgende Formel:

$$0 + 1 + 2 + 3 + \ldots \ldots + n = \frac{n(n+1)}{2},$$

und ausserdem ist es einfach, sich zu überzeugen, dass keine weitere

Reihe von $(n+1)$ ganzen, positiven und unter sich verschiedenen Zahlen die nämliche Summe geben kann.

Durch Hinzunahme des Factors $a_0{}^0 = 1$ gestaltet sich das unter (22) angeführte Glied so, dass es heisst:

$$+ a_0{}^0 a_1{}^1 a_2{}^2 a_3{}^3 \ldots a_n{}^n,$$

und da aus ihm ein anderes hervorgehen muss, wenn man zwei Indices vertauscht und das Vorzeichen wechselt, so dürfen wir auch das abgeleitete Glied

$$- a_1{}^0 a_0{}^1 a_2{}^2 a_3{}^3 \ldots a_n{}^n$$

als zu dem Produkte gehörig ansehen. Wird das Vertauschen der Indicespaare unter beständigem Wechsel des Vorzeichens so lange fortgesetzt, bis die Indices vollständig permutirt sind, so stellt die Summe aller Glieder das Differenzenprodukt vor.

Früheren Erörterungen gemäss müssen auch jetzt die Permutationsformen der Indices abwechselnd zur ersten und zweiten Klasse gehören, und da ferner auch die Vorzeichen abwechseln, das erste auch positiv ist, so werden die Indicesformen der positiven Glieder der ersten, die der negativen aber der zweiten Klasse angehören, genau so, wie es bei den Determinantegliedern der Fall ist.

Zum Schluss dieses Abschnittes bleiben noch die Beziehungen aufzusuchen, welche zwischen diesem Differenzenprodukt und einer Determinante bestehen. Lassen wir zu dem Zwecke in Schema (19) die Indicesreihe nicht mit 1, sondern mit 0 anfangen, und schreiben wir die Indices der Colonnen den Elementen in der Form von Exponenten bei, so erscheint das Diagonalglied in folgender Gestalt:

$$a_0{}^0 a_1{}^1 a_2{}^2 a_3{}^3 \ldots a_n{}^n,$$

und daraus werden alsdann nach den nämlichen Regeln sowohl die Theile des Differenzenproduktes, als auch die Glieder der Determinante abgeleitet. Beide stimmen mithin in ihrer äusseren Erscheinung vollständig überein; der einzige, aber auch wesentliche Unterschied besteht, wie schon früher angeführt, darin, dass die oberen Zahlen bei dem Produkte die Bedeutung von Exponenten haben, bei der Determinante aber nur Indices vorstellen, wodurch die verschiedenen Potenzen der nämlichen Basis in der Determinante zu selbstständigen und von einander unabhängigen Elementen werden. Die Summe der Glieder, welche aus einem der beiden Schemata

$$
\begin{vmatrix}
a_0{}^0 & a_0{}^1 & a_0{}^2 & \ldots & a_0{}^n \\
a_1{}^0 & a_1{}^1 & a_1{}^2 & \ldots & a_1{}^n \\
a_2{}^0 & a_2{}^1 & a_2{}^2 & \ldots & a_2{}^n \\
\hdotsfor{5} \\
a_n{}^0 & a_n{}^1 & a_n{}^2 & \ldots & a_n{}^n
\end{vmatrix}
\;;\quad
\begin{vmatrix}
a_0{}^0 & a_1{}^0 & a_2{}^0 & \ldots & a_n{}^0 \\
a_0{}^1 & a_1{}^1 & a_2{}^1 & \ldots & a_n{}^1 \\
a_0{}^2 & a_1{}^2 & a_2{}^2 & \ldots & a_n{}^2 \\
\hdotsfor{5} \\
a_0{}^n & a_1{}^n & a_2{}^n & \ldots & a_n{}^n
\end{vmatrix}
\quad (23)
$$

nach den bekannten Regeln hervorgehen, kann daher ebensowohl ein Differenzenprodukt, als auch eine Determinante bedeuten, je nach der Bedeutung der oberen Zahlen. Falls wir ein Differenzenprodukt darunter verstehen wollen, können alle 0ten Potenzen der Elemente durch 1 ersetzt werden, wodurch folgende Gleichung entsteht:

$$
(24)\;
\begin{vmatrix}
1 & 1 & 1 & \ldots & 1 \\
a_0 & a_1 & a_2 & \ldots & a_n \\
a_0{}^2 & a_1{}^2 & a_2{}^2 & \ldots & a_n{}^2 \\
\hdotsfor{5} \\
a_0{}^n & a_1{}^n & a_2{}^n & \ldots & a_n{}^n
\end{vmatrix}
=
\begin{aligned}
&(a_1-a_0)(a_2-a_0)(a_3-a_0)\ldots(a_n-a_0)\\
&\quad(a_2-a_1)(a_3-a_1)\ldots(a_n-a_1)\\
&\quad\quad(a_3-a_2)\ldots(a_n-a_2)\\
&\hdotsfor{1}\\
&\quad\quad\quad\quad(a_n-a_{n-1}).
\end{aligned}
$$

In dieser Determinante sind die Elemente der Colonnen Potenzen der nämlichen Grösse, und der Werth der Determinante ist gleich dem Differenzenprodukt.

§. 6. Vertauschung zweier Reihen.

Werden in dem Schema einer Determinante zwei Reihen, resp. Colonnen, vertauscht, so bleibt der absolute Werth der Determinante unverändert, sie wechselt aber das Vorzeichen.

$$
\underset{\varDelta_1}{
\begin{vmatrix}
a_{11} & a_{12} & \ldots & a_{1n} \\
\hdotsfor{4} \\
a_{p1} & a_{p2} & \ldots & a_{pn} \\
\hdotsfor{4} \\
a_{r1} & a_{r2} & \ldots & a_{rn} \\
\hdotsfor{4} \\
a_{n1} & a_{n2} & \ldots & a_{nn}
\end{vmatrix}}
= -\;
\underset{\varDelta_2}{
\begin{vmatrix}
a_{11} & a_{12} & \ldots & a_{1n} \\
\hdotsfor{4} \\
a_{r1} & a_{r2} & \ldots & a_{rn} \\
\hdotsfor{4} \\
a_{p1} & a_{p2} & \ldots & a_{pn} \\
\hdotsfor{4} \\
a_{n1} & a_{n2} & \ldots & a_{nn}
\end{vmatrix}}
\quad (25)
$$

Die Reihen p und r sind gewechselt. Wird $\varDelta_1$ in der Art entwickelt, dass man die Indices der Reihen permutirt, so lassen sich die Glieder zu Paaren so zusammenstellen, dass jedes Paar aus zwei solchen Gliedern besteht, welche sich nur dadurch von einander unterscheiden, dass die Indices p und r vertauscht, und daher die Vorzeichen verschieden sind. Allgemein wird ein solches Paar die nachstehende Form haben:

$$A_1 = \pm \ldots \ldots a_{pq} \ldots \ldots a_{rs} \ldots \ldots$$
$$B_1 = \mp \ldots \ldots a_{rq} \ldots \ldots a_{ps} \ldots \ldots$$

Die übereinstimmenden Theile sind durch Punkte angedeutet, die Indices p und r gewechselt und die Vorzeichen verschieden, indem B_1 negativ sein muss, wenn A_1 positiv ist, und umgekehrt. Wir wandeln dieses Paar in ein zu A_2 gehöriges um, indem wir, wie dies auch im Schema geschehen ist, die Indices p und r vertauschen, und die Vorzeichen unverändert beibehalten. So erhalten wir:

$$A_2 = \pm \ldots \ldots a_{rq} \ldots \ldots a_{ps} \ldots \ldots$$
$$B_2 = \mp \ldots \ldots a_{pq} \ldots \ldots a_{rs} \ldots \ldots$$

und erkennen, dass $A_2 = -B_1$ und $B_2 = -A_1$ geworden ist. Wird dieses Verfahren auf die ganze Entwicklung von A_1 ausgedehnt, so gehen alle Glieder von A_2 aus denen von A_1 dadurch hervor, dass man in diesen nur die Vorzeichen wechselt.

Zu näherer Erläuterung soll in einer Determinante vierten Grades die zweite Reihe mit der vierten vertauscht werden.

$$A_1 =$$

1) $+ a_1 \, b_2 \, c_3 \, d_4$ 3) $+ a_1 \, b_4 \, c_2 \, d_3$ 5) $+ a_1 \, b_3 \, c_4 \, d_2$

2) $- a_1 \, b_4 \, c_3 \, d_2$ 4) $- a_1 \, b_3 \, c_2 \, d_4$ 6) $- a_1 \, b_2 \, c_4 \, d_3$

7) $+ a_2 \, b_1 \, c_4 \, d_3$ 9) $+ a_2 \, b_3 \, c_1 \, d_4$ 11) $+ a_2 \, b_4 \, c_3 \, d_1$

8) $- a_2 \, b_3 \, c_4 \, d_1$ 10) $- a_2 \, b_4 \, c_1 \, d_3$ 12) $- a_2 \, b_1 \, c_3 \, d_4$

u. s. w.

Werden nun in diesen Paaren, genau wie im Schema, die Zeichen b und d, oder, was gleichbedeutend ist, die Indices von b und d vertauscht, so gehen dieselben in solche über, wie sie zu A_2 gehören. Man findet:

$$\varDelta_2 =$$

1) $+ a_1\, b_4\, c_3\, d_2$ 3) $+ a_1\, b_3\, c_2\, d_4$ 5) $+ a_1\, b_2\, c_4\, d_3$

2) $- a_1\, b_2\, c_3\, d_4$ 4) $- a_1\, b_4\, c_2\, d_3$ 6) $- a_1\, b_3\, c_4\, d_2$

7) $+ a_2\, b_3\, c_4\, d_1$ 9) $+ a_2\, b_4\, c_1\, d_3$ 11) $+ a_2\, b_1\, c_3\, d_4$

8) $- a_2\, b_1\, c_4\, d_3$ 10) $- a_2\, b_3\, c_1\, d_4$ 12) $- a_2\, b_4\, c_3\, d_1$

u. s. w.

Durch Vergleich überzeugen wir uns leicht, dass alle Glieder von $\varDelta_1$ auch in $\varDelta_2$ vorkommen, aber mit gewechselten Vorzeichen.

Beispiel.

$$\varDelta_1 = \begin{vmatrix} 4 & 7 & 9 \\ 3 & 6 & 8 \\ 4 & 5 & 1 \end{vmatrix} = \begin{matrix} + 4.6.1 \\ + 7.8.4 \\ + 9.3.5 \end{matrix} \quad \begin{matrix} - 9.6.4 \\ - 4.8.5 \\ - 7.3.1 \end{matrix} = -14.$$

$$\varDelta_2 = \begin{vmatrix} 4 & 7 & 9 \\ 4 & 5 & 1 \\ 3 & 6 & 8 \end{vmatrix} = \begin{matrix} + 4.5.8 \\ + 7.1.3 \\ + 9.4.6 \end{matrix} \quad \begin{matrix} - 9.5.3 \\ - 4.1.6 \\ - 7.4.8 \end{matrix} = +14.$$

Zweiter Beweis. Wir haben bereits nachgewiesen, dass das Differenzenprodukt und mit ihm auch die durch dasselbe repräsentirte Determinante das Vorzeichen wechselt, wenn zwei Elemente vertauscht werden. Ein solcher Wechsel von zwei Elementen des Differenzenproduktes hat aber auch in der schematischen Aufstellung (23) den Wechsel von zwei Reihen oder zwei Colonnen zur Folge, und damit ist der Satz bewiesen.

§. 7. Gleiche Reihen.

Wenn in dem Schema einer Determinante zwei Reihen, beziehungsweise Colonnen, gleich sind, oder in Folge zulässiger Transformationen gleich werden können, so ist der Werth dieser Determinante gleich Null.

Macht man in dem Schema von $\varDelta_1$ in (25) die entsprechenden Elemente der Reihen p und r gleich, also

$$a_{p1} = a_{r1}; \quad a_{p2} = a_{r2}; \quad a_{p3} = a_{r3} \text{ u. s. w. bis } a_{pn} = a_{rn},$$

so werden auch die beiden Glieder eines jeden Paares, wie solche in §. 6 zusammengestellt sind, einander gleich und behalten ihre entgegengesetzten Vorzeichen bei, so dass sie einander aufheben. Unter dieser Voraussetzung wird nämlich

$$A_1 = \pm \ldots \ldots a_{pq} \ldots \ldots a_{rs} \ldots \ldots$$
$$B_1 = \mp \ldots \ldots a_{pq} \ldots \ldots a_{rs} \ldots \ldots ,$$

und daraus folgt: $A_1 + B_1 = 0$. Ebenso verschwinden auch die übrigen Glieder paarweise und mit ihnen die ganze Determinante.

Zweiter Beweis. Erwiesenermassen muss eine Determinante das Vorzeichen wechseln, wenn zwei beliebige Reihen oder Colonnen vertauscht werden. Wechselt man nun die beiden identisch gleichen Reihen, so muss einmal die Determinante ganz unverändert bleiben und doch auch ihr Vorzeichen wechseln. Beiden Anforderungen zugleich kann nur durch den Werth Null entsprochen werden.

Dritter Beweis. Das Differenzenprodukt und die mit diesem identificirte Determinante verschwinden, wenn zwei Elemente gleich werden. Tritt dieser Fall ein, so werden in dem entsprechenden Schema (23) zwei Reihen oder zwei Colonnen gleich. Umgekehrt müssen in dem Differenzenprodukt zwei Elemente gleich sein, wenn das Schema zwei gleiche Reihen oder Colonnen enthält, und die Determinante muss in diesem Falle verschwinden.

Beispiel.
$$\begin{vmatrix} 5 & 9 & 7 \\ 8 & 3 & 4 \\ 5 & 9 & 7 \end{vmatrix} = \begin{matrix} + 5.3.7 & -7.3.5 \\ + 9.4.5 & -5.4.9 \\ + 7.8.9 & -9.8.7 \end{matrix} = 0.$$

§. 8. Von den Unterdeterminanten und ihrer Verwerthung zur Berechnung der Hauptdeterminante.

Der leichteren Verständlichkeit wegen führen wir die nächsten Entwicklungen an einem Schema vom vierten Grade aus:

$$J = \begin{vmatrix} a_1 & a_2 & a_3 & a_4 \\ b_1 & b_2 & b_3 & b_4 \\ c_1 & c_2 & c_3 & c_4 \\ d_1 & d_2 & d_3 & d_4 \end{vmatrix} \qquad (26)$$

Wie bekannt ist, darf a_1 nicht mit solchen Elementen verbunden werden, welche mit ihm in der nämlichen Reihe und Colonne stehen. Werden mithin die Reihe der a und die Colonne 1 unterdrückt, so bleiben diejenigen Elemente zurück, mit welchen a_1 in Verbindung treten kann, und zwar eingefügt in ein Schema vom dritten Grade, das wir symbolisch durch A_1 bezeichnen wollen.

$$A_1 = \begin{vmatrix} b_2 & b_3 & b_4 \\ c_2 & c_3 & c_4 \\ d_2 & d_3 & d_4 \end{vmatrix}$$

Wir sagen, A_1 sei die zu a_1 gehörige Unterdeterminante. Ausgerechnet heisst dieselbe:

$$A_1 = b_2 c_3 d_4 - b_2 c_4 d_3 - b_3 c_2 d_4 + b_3 c_4 d_2 + b_4 c_2 d_3 - b_4 c_3 d_2$$

Durch Multiplication mit a_1 geht sie über in:

$$a_1 A_1 = a_1 b_2 c_3 d_4 - a_1 b_2 c_4 d_3 - a_1 b_3 c_2 d_4 + a_1 b_3 c_4 d_2$$
$$+ a_1 b_4 c_2 d_3 - a_1 b_4 c_3 d_2 .$$

Auf der rechten Seite sehen wir diejenigen sechs Glieder von A, welche mit a_1 anfangen, und können daher deren Summe durch den einfacheren Ausdruck $a_1 A_1$ darstellen. Streicht man in (26) ebenso die Reihe a und die Colonne 2 durch, so bleibt ein Schema zurück, welches alle Elemente enthält, die mit a_2 verbunden werden dürfen. Aus einem bald anzuführenden Grunde nennen wir dieses Schema aber erst dann die zu a_2 gehörige Unterdeterminante, nachdem das Vorzeichen gewechselt ist. Hiernach ist:

$$A_2 = - \begin{vmatrix} b_1 & b_3 & b_4 \\ c_1 & c_3 & c_4 \\ d_1 & d_3 & d_4 \end{vmatrix}$$

Wieder erhält man durch Entwicklung:

$$A_2 = -[b_1 c_3 d_4 - b_1 c_4 d_3 - b_3 c_1 d_4 + b_3 c_4 d_1 + b_4 c_1 d_3 - b_4 c_3 d_1].$$

Wird nun beiderseits mit a_2 multiplicirt, so erhöht sich rechts die Zahl der Inversionen in allen Gliedern um 1, weil 2 vor 1 tritt, und die Vorzeichen stimmen nicht mehr mit der Klasse der Indicesformen überein. Diese Uebereinstimmung wird aber wieder dadurch hergestellt, dass man die Klammer auflöst, womit ja für alle Glieder ein Zeichenwechsel verbunden ist. So erhält man:

$$a_2 A_2 = - a_2 b_1 c_3 d_4 + a_2 b_1 c_4 d_3 + a_2 b_3 c_1 d_4 - a_2 b_3 c_4 d_1$$
$$- a_2 b_4 c_1 d_3 + a_2 b_4 c_3 d_1 .$$

Auf der rechten Seite sehen wir hier sechs weitere Glieder von A und können deren Summe durch das Produkt $a_2 A_2$ einfacher ausdrücken.

Auch durch das Element a_3 ist das Schema einer Unterdeterminante A_3 vollständig bestimmt. Man findet es, wenn man in (26) die Reihe a und die Colonne 3 beseitigt, das Zeichen aber beibehält. Mithin ist:

$$A_3 = \begin{vmatrix} b_1 & b_2 & b_4 \\ c_1 & c_2 & c_4 \\ d_1 & d_2 & d_4 \end{vmatrix} ;$$

$$A_3 = b_1 c_2 d_4 - b_1 c_4 d_2 - b_2 c_1 d_4 + b_2 c_4 d_1 + b_4 c_1 d_2 - b_4 c_2 d_1 .$$

Wird jetzt auf beiden Seiten mit a_2 multiplicirt, so nehmen die Inversionen in allen Theilen auf der rechten Seite um 2 zu, weil 3 vor 1 und vor 2 tritt und die bestehende Uebereinstimmung zwischen der Klasse der Indicesform und dem Vorzeichen der einzelnen Glieder nicht stört. So erhält man:

$$a_3 A_3 = a_3 b_1 c_2 d_4 - a_3 b_1 c_4 d_2 - a_3 b_2 c_1 d_4 + a_3 b_2 c_4 d_1$$
$$+ a_3 b_4 c_1 d_2 - a_3 b_4 c_2 d_1 ,$$

und findet abermals auf der rechten Seite sechs Glieder der Determinante (26), deren Summe sich mithin in der Form des Produktes $a_3 A_3$ darstellen lässt.

Eben so leicht ist es, zu dem Elemente a_4 die Unterdeterminante zu gewinnen. Zu diesem Zweck wird in (26) die Reihe a und die Colonne 4 beseitigt und das zurückgebliebene Schema wieder mit gewechseltem Vorzeichen gesetzt. Hiernach ist:

$$A_4 = - \begin{vmatrix} b_1 & b_2 & b_3 \\ c_1 & c_2 & c_3 \\ d_1 & d_2 & d_3 \end{vmatrix} ;$$

$$A_4 = - [b_1 c_2 d_3 - b_1 c_3 d_2 - b_2 c_1 d_3 + b_2 c_3 d_1 + b_3 c_1 d_2 - b_3 c_2 d_1].$$

Wird wieder auf beiden Seiten mit a_4 multiplicirt, so treten in jedem Gliede auf der rechten Seite drei weitere Inversionen hinzu, gebildet von 4 mit 1, 2 und 3. Dem hierdurch veranlassten Klassenwechsel der einzelnen Glieder entspricht wieder der mit der Klammerauflösung verbundene Wechsel aller Vorzeichen. So gibt es:

$$a_4 A_4 = - a_4 b_1 c_2 d_3 + a_4 b_1 c_3 d_2 + a_4 b_2 c_1 d_3 - a_4 b_2 c_3 d_1$$
$$- a_4 b_3 c_1 d_2 + a_4 b_3 c_2 d_1 .$$

Auch diese letzten 6 Glieder von $\varDelta$ können zu dem Produkt $a_4 A_4$ vereinigt werden. Hiernach lässt sich die ganze Determinante (26) aus diesen Produkten nach folgender Formel zusammensetzen:

$$\varDelta = a_1 A_1 + a_2 A_2 + a_3 A_3 + a_4 A_4 . \tag{27}$$

Einfacher und leichter zu verallgemeinern ist die nachfolgende Entwicklungsweise dieser Formel. Zuerst stellt man die folgenden vier Formen her:

$$a_1 b_2 c_3 d_4 : \quad - a_2 b_1 c_3 d_4 ; \quad a_3 b_1 c_2 d_4 ; \quad - a_4 b_1 c_2 d_3 .$$

Wird nun in dem ersten Theile a_1 festgehalten, und werden die drei letzten Indices durch fortgesetzten Indiceswechsel permutirt, so erhält man diejenigen sechs Glieder, welche mit a_1 anfangen und heissen:

$$a_1 [b_2 c_3 d_4 - b_2 c_4 d_3 + b_3 c_4 d_2 - b_3 c_2 d_4 + b_4 c_2 d_3 - b_4 c_3 d_2].$$

Dass der Ausdruck in der Klammer nichts Anderes ist, als die zu a_1 gehörige Unterdeterminante A_1, bedarf wohl keines weiteren Nachweises, und wir setzen den ganzen Ausdruck gleich dem Produkt $a_1 A_1$.

Hält man ebenso in dem folgenden Theile den Factor $-a_2$ fest, und vertauscht man fortgesetzt die anderen Indices, so entstehen diejenigen Theile von J, welche mit a_2 anfangen:

$$- a_2 [b_1 c_3 d_4 - b_1 c_4 d_3 + b_3 c_4 d_1 - b_3 c_1 d_4 + b_4 c_1 d_3 - b_4 c_3 d_1].$$

Wieder repräsentirt der Klammerwerth in Verbindung mit dem — Zeichen den Ausdruck, welchen wir oben durch A_2 bezeichnet haben, und somit dürfen wir das Ganze unter der Form $a_2 A_2$ zusammenfassen.

Auf gleiche Weise gehen die beiden anderen Theile in folgende Ausdrücke über:

$$a_3 [b_1 c_2 d_4 - b_1 c_4 d_2 + b_2 c_4 d_1 - b_2 c_1 d_4 + b_4 c_1 d_2 - b_4 c_2 d_1]$$
$$- a_4 [b_1 c_2 d_3 - b_1 c_3 d_2 + b_2 c_3 d_1 - b_2 c_1 d_3 + b_3 c_1 d_2 - b_3 c_2 d_1],$$

und diese lassen sich wieder in die Form der beiden Produkte $a_3 A_3$ und $a_4 A_4$ bringen.

Wie die Schemata dieser Unterdeterminanten aus dem Hauptschema entnommen werden müssen, ist durch diese Entwicklung hinlänglich festgestellt. Ebenso kann es keine Schwierigkeiten bieten, die Entwicklungen selbst auf Determinanten von noch höherem Grade auszudehnen, und ist es wohl gestattet, die Formel (27) ohne Weiteres als allgemein gültig anzusehen. In dem Schema:

$$= \begin{vmatrix} a_{11} & a_{12} & \ldots & a_{1r} & \ldots & a_{1n} \\ a_{21} & a_{22} & \ldots & a_{2r} & \ldots & a_{2n} \\ \cdots & \cdots & \cdots & \cdots & \cdots & \cdots \\ a_{p1} & a_{p2} & \ldots & a_{pr} & \ldots & a_{pn} \\ \cdots & \cdots & \cdots & \cdots & \cdots & \cdots \\ a_{n1} & a_{n2} & \ldots & a_{nr} & \ldots & a_{nn} \end{vmatrix} \qquad (28)$$

müssen die Unterdeterminanten der ersten Reihe durch A_{11}, $A_{12} \ldots A_{1r} \ldots A_{1n}$ bezeichnet werden, und da wir wissen, dass die zugehörigen Schemata abwechselnd mit den positiven und negativen Vorzeichen zu nehmen sind, so fügen wir dem Schema von A_{1r} noch den Factor $(-1)^{1+r}$ zu, weil hierdurch das Vorzeichen regulirt wird, indem $(-1)^{1+1} = +1$; $(-1)^{1+2} = -1$ ist u. s. w. Der Unterdeterminante A_{1r} entspricht hiernach das folgende Schema:

$$A_{1r} = (-1)^{1+r} \begin{vmatrix} a_{21} & a_{22} & \ldots & a_{2,r-1} & a_{2,r+1} & \ldots & a_{2n} \\ \cdot & \cdot & \ldots & \cdot & \cdot & \ldots & \cdot \\ a_{p1} & a_{p2} & \ldots & a_{p,r-1} & a_{p,r+1} & \ldots & a_{pn} \\ \cdot & \cdot & \ldots & \cdot & \cdot & \ldots & \cdot \\ a_{n1} & a_{n2} & \ldots & a_{n,r-1} & a_{n,r+1} & \ldots & a_{nn} \end{vmatrix}$$

(29)

Um also aus dem Hauptschema das der Unterdeterminante A_{1r} herzustellen, unterdrücken wir die Reihe 1 und die Colonne r und versehen den zurückgebliebenen Theil mit dem Vorzeichenfactor $(-1)^{1+r}$. Werden so alle Unterdeterminanten der ersten Reihe gebildet, so setzt sich aus ihnen und den zugehörigen Elementen die Hauptdeterminante nach folgender Formel zusammen:

$$J = a_{11} A_{11} + a_{12} A_{12} + a_{13} A_{13} + \ldots + a_{1n} A_{1n} \qquad (30)$$

Diese Formel ist zwar nur auf die erste Reihe anwendbar; allein da durch Reihentausch und entsprechenden Zeichenwechsel eine jede Reihe in die Lage der ersten gebracht werden kann, so ist es nicht schwer, dieselbe in eine andere umzuwandeln, die für jede beliebige Reihe gültig ist. Soll z. B. die Reihe p in die Lage der ersten verschoben und dabei die anfängliche Ordnung der übrigen Reihen festgehalten werden, so vertauschen wir die Reihe p nach und nach mit den Reihen $(p-1)$, $(p-2)$, $(p-3)$ u. s. w. So gelangt sie nach $(p-1)$ Vertauschungen in die Lage der ersten, und die übrigen haben ihre Lage zu einander nicht verändert. Da mit dieser Transformation auch $(p-1)$ Zeichenwechsel verbunden sind, so muss die Determinante so umgestaltet sein, dass sie jetzt heisst:

$$J = (-1)^{p-1} \begin{vmatrix} a_{p1} & a_{p2} & \ldots & a_{pr} & \ldots & a_{pn} \\ a_{11} & a_{12} & \ldots & a_{1r} & \ldots & a_{1n} \\ a_{21} & a_{22} & \ldots & a_{2r} & \ldots & a_{2n} \\ \cdot & \cdot & \ldots & \cdot & \ldots & \cdot \\ a_{p-1,1} & a_{p-1,2} & \ldots & a_{p-1,r} & \ldots & a_{p-1,n} \\ a_{p+1,1} & a_{p+1,2} & \ldots & a_{p+1,r} & \ldots & a_{p+1,n} \\ \cdot & \cdot & \ldots & \cdot & \ldots & \cdot \\ a_{n1} & a_{n2} & \ldots & a_{nr} & \ldots & a_{nn} \end{vmatrix}$$

(31)

Werden aus diesem Schema die zur ersten Reihe gehörigen Unterdeterminanten bestimmt, diese selbst mit ihren zugehörigen Elementen multiplicirt, diese Produkte alsdann mit dem Transformationsfactor $(-1)^{p-1}$ verbunden und nach (30) zu einer Summe vereinigt, so hat man eine zweite Form der Determinante. Hier-

bei sollen zwar die Unterdeterminanten der ersten Reihe durch
A_{p1}, A_{p2}, A_{p3} . . . . A_{pn} bezeichnet werden, den Elementen entsprechend, doch sind die Vorzeichen ganz nach den früheren
Regeln zu bestimmen, so dass zu A_{pr} das Vorzeichen $(-1)^{1+r}$
gehört. Wird aber damit der allen Theilen gemeinschaftliche und
aus der Transformation hervorgegangene Factor $(-1)^{p-1}$ vereinigt,
so gehört zur Unterdeterminante A_{pr} im Ganzen der Vorzeichenfactor $(-1)^{1+r} \cdot (-1)^{p-1} = (-1)^{p+r}$. Hiernach gestaltet sich
aber die allgemeine Formel zur Bildung der Unterdeterminanten
wie folgt:

$$A_{pr} = (-1)^{p+r} \begin{vmatrix} a_{11} & a_{12} & \cdots a_{1,r-1} & a_{1,r+1} & \cdots\cdots a_{1n} \\ a_{21} & a_{22} & \cdots a_{2,r-1} & a_{2,r+1} & \cdots\cdots a_{2n} \\ \cdots\cdots\cdots\cdots\cdots\cdots\cdots\cdots\cdots \\ a_{p-1,1} & a_{p-1,2} & \cdots a_{p-1,r-1} & a_{p-1,r+1} & \cdots a_{p-1,n} \\ a_{p+1,1} & a_{p+1,2} & \cdots a_{p+1,r-1} & a_{p+1,r+1} & \cdots a_{p+1,n} \\ \cdots\cdots\cdots\cdots\cdots\cdots\cdots\cdots\cdots \\ a_{n1} & a_{n2} & \cdots a_{n,r-1} & a_{n,r+1} & \cdots\cdots a_{nn} \end{vmatrix}.$$

(32)

Dieses Schema entsteht aus (31), indem man die erste Reihe und
r^{te} Colonne unterdrückt. Es kann aber auch ebenso leicht aus
dem ursprünglichen Schema (28) entnommen werden, indem man
dort die p^{te} Reihe und r^{te} Colonne wegnimmt, weil die übrigen
Reihen und alle Colonnen in beiden Schematen in der nämlichen
Ordnung aufeinander folgen. Werden also nach diesem Schema
die Unterdeterminanten, welche zu den Elementen der p^{ten} Reihe
des Hauptschemas gehören, aus diesem direkt abgeleitet und mit
den ihnen zugehörigen Elementen multiplicirt, so wird aus diesen
Produkten die Determinante selbst nach folgender Formel zusammengesetzt:

$$J = a_{p1} A_{p1} + a_{p2} A_{p2} + a_{p3} A_{p3} + \ldots + a_{pn} A_{pn}. \quad (33)$$

Wie früher nachgewiesen wurde, dürfen Lehrsätze, die für
Reihen gültig sind, ohne Weiteres auch auf Colonnen angewendet
werden. Berechnen wir mithin nach (32) die Unterdeterminanten,
welche zu den Elementen der Colonne r gehören, und bilden
wieder die Produkte aus diesen und den Elementen selbst, so
kann J auch nach folgender Formel berechnet werden:

$$J = a_{1r} A_{1r} + a_{2r} A_{2r} + a_{3r} A_{3r} + \ldots + a_{nr} A_{nr}. \quad (34)$$

Beispiel.
$$\varDelta = \begin{vmatrix} 4 & 9 & 2 & 6 \\ -3 & 5 & 1 & 4 \\ 5 & 7 & -2 & 8 \\ 4 & -9 & 3 & 7 \end{vmatrix}$$

Hier ist:
$a_{31} = 5; \quad a_{32} = 7;$
$a_{33} = -2; \quad a_{34} = 8.$

$$A_{31} = \begin{vmatrix} 9 & 2 & 6 \\ 5 & 1 & 4 \\ -9 & 3 & 7 \end{vmatrix} = -43; \quad A_{32} = - \begin{vmatrix} 4 & 2 & 6 \\ -3 & 1 & 4 \\ 4 & 3 & 7 \end{vmatrix} = 24;$$

$$A_{33} = \begin{vmatrix} 4 & 9 & 6 \\ -3 & 5 & 4 \\ 4 & -9 & 7 \end{vmatrix} = 659; \quad A_{34} = - \begin{vmatrix} 4 & 9 & 2 \\ -3 & 5 & 1 \\ 4 & -9 & 3 \end{vmatrix} = -227.$$

$$\varDelta = 5 \cdot (-43) + 7 \cdot 24 + (-2) \cdot 659 + 8 \cdot (-227) = -3181.$$

Es ist auch: $a_{12} = 9; \quad a_{22} = 5; \quad a_{32} = 7; \quad a_{42} = -9;$

$$A_{12} = - \begin{vmatrix} -3 & 1 & 4 \\ 5 & -2 & 8 \\ 4 & 3 & 7 \end{vmatrix} = -203; \quad A_{22} = \begin{vmatrix} 4 & 2 & 6 \\ 5 & -2 & 8 \\ 4 & 3 & 7 \end{vmatrix} = -20;$$

$$A_{32} = - \begin{vmatrix} 4 & 2 & 6 \\ -3 & 1 & 4 \\ 4 & 3 & 7 \end{vmatrix} = 24; \quad A_{42} = \begin{vmatrix} 4 & 2 & 6 \\ -3 & 1 & 4 \\ 5 & -2 & 8 \end{vmatrix} = 158.$$

$$\varDelta = 9 \cdot (-203) + 5 \cdot (-20) + 7 \cdot 24 + (-9) \cdot 158 = -3181.$$

§. 9. Gemeinsamer Factor der Elemente einer Reihe.

Werden alle Elemente einer Reihe, beziehungsweise einer Colonne, mit der nämlichen Zahl multiplicirt oder dividirt, so wird hierdurch die ganze
Determinante mit dieser Zahl multiplicirt oder dividirt.

Schematisch hat dieser Lehrsatz die folgende Gestalt:

$$\varDelta_1 \qquad\qquad\qquad \varDelta_2$$

$$\begin{vmatrix} a_{11} & a_{12} & \cdots & a_{1n} \\ a_{21} & a_{22} & \cdots & a_{2n} \\ \cdots & \cdots & \cdots & \cdots \\ m \cdot a_{p1} & m \cdot a_{p2} & \cdots & m \cdot a_{pn} \\ \cdots & \cdots & \cdots & \cdots \\ a_{n1} & a_{n2} & \cdots & a_{nn} \end{vmatrix} = m \cdot \begin{vmatrix} a_{11} & a_{12} & \cdots & a_{1n} \\ a_{21} & a_{22} & \cdots & a_{2n} \\ \cdots & \cdots & \cdots & \cdots \\ a_{p1} & a_{p2} & \cdots & a_{pn} \\ \cdots & \cdots & \cdots & \cdots \\ a_{n1} & a_{n2} & \cdots & a_{nn} \end{vmatrix}. \quad (35)$$

Als selbstverständlich wird vorausgesetzt, dass in $\varDelta_1$ und $\varDelta_2$ gleiche Elementesymbole auch gleiche Zahlenwerthe bedeuten. Dann sind auch die Unterdeterminanten der Reihe p in beiden identisch gleich und wir haben:

$$\varDelta_1 = m \cdot a_{p1} A_{p1} + m \cdot a_{p2} A_{p2} + \ldots\ldots + m \cdot a_{pn} A_{pn}$$
$$= m \left[a_{p1} A_{p1} + a_{p2} A_{p2} + \ldots\ldots\ldots + a_{pn} A_{pn} \right].$$

$$\varDelta_2 = a_{p1} A_{p1} + a_{p2} A_{p2} + \ldots\ldots\ldots\ldots + a_{pn} A_{pn}.$$
$$\varDelta_1 = m \cdot \varDelta_2.$$

Die Richtigkeit dieses Satzes kann auch so nachgewiesen werden: Bei der Zusammensetzung der Determinantenglieder wird in jedes einzelne Glied aus jeder Reihe und Colonne je ein Element aufgenommen. Werden nun die Elemente einer Reihe oder Colonne mit m multiplicirt, so wird dieser Factor auch in jedes Glied, und zwar nur ein Mal, eingeführt und erscheint so als gemeinschaftlicher Factor aller Glieder oder der ganzen Determinante.

Die Multiplication wird thatsächlich zu einer Division, wenn man, statt mit m, mit $\frac{1}{m}$ multiplicirt.

Einige Sätze, die in den vorhergehenden Abschnitten implicite enthalten sind, sollen hier noch besonders hervorgehoben werden.

1) Haben alle Elemente einer Reihe oder einer Colonne den gemeinschaftlichen Factor m, so kann derselbe als gemeinschaftlicher Factor vor das Schema gesetzt werden, wie in (35).

2) Werden alle Elemente einer Reihe oder Colonne mit dem nämlichen Factor multiplicirt, und wird zugleich die ganze Determinante mit diesem Factor dividirt, so bleibt deren Werth unverändert.

3) Wechselt man die Vorzeichen aller Elemente in einer Reihe oder in einer Colonne, so wechselt hierdurch die ganze Determinante das Vorzeichen.

4) Sind alle Elemente, welche auf einer Seite einer Diagonale stehen, gleich Null, so ist die ganze Determinante gleich diesem Diagonalgliede.

$$\varDelta = \begin{vmatrix} a_1 & 0 & 0 & 0 & . & . & 0 \\ b_1 & b_2 & 0 & 0 & . & . & 0 \\ c_1 & c_2 & c_3 & 0 & . & . & 0 \\ . & . & . & . & . & . & . \\ n_1 & n_2 & n_3 & n_4 & . & . & n_n \end{vmatrix} = a_1 \begin{vmatrix} b_2 & 0 & 0 & . & . & 0 \\ c_2 & c_3 & 0 & . & . & 0 \\ . & . & . & . & . & . \\ n_2 & n_3 & n_4 & . & . & n_n \end{vmatrix} = a_1 \, b_2 \begin{vmatrix} c_3 & 0 & . & . & 0 \\ . & . & . & . & . \\ n_3 & n_4 & . & . & n_n \end{vmatrix},$$

$$\varDelta = a_1 \, b_2 \, c_3 \ldots\ldots n_n. \qquad (36)$$

5) Das nachfolgende Schema kann dazu dienen, eine Determinante in eine andere zu verwandeln, welche um einen Grad höher, aber von gleichem Werthe ist.

$$\begin{vmatrix} a_1 & a_2 & \ldots & a_n \\ b_1 & b_2 & \ldots & b_n \\ \vdots & & & \\ n_1 & n_2 & \ldots & n_n \end{vmatrix} = \begin{vmatrix} 1 & 0 & 0 & \ldots & 0 \\ x & a_1 & a_2 & \ldots & a_n \\ y & b_1 & b_2 & \ldots & b_n \\ \vdots & & & & \\ z & c_1 & c_2 & \ldots & c_n \end{vmatrix} \qquad (37)$$

Die Elemente $x, y \ldots z$ sind beliebige Grössen.

§. 10. Eigenschaften der Unterdeterminanten.

Werden die Elemente einer Reihe, beziehungsweise einer Colonne, mit solchen Unterdeterminanten, welche zu den Elementen einer anderen Reihe, beziehungsweise Colonne, gehören, multiplicirt, so ist die Summe dieser Produkte gleich Null.

$$J = \begin{vmatrix} a_{11} & a_{12} & \ldots & a_{1n} \\ a_{21} & a_{22} & \ldots & a_{2n} \\ \vdots & & & \\ a_{p1} & a_{p2} & \ldots & a_{pn} \\ \vdots & & & \\ a_{s1} & a_{s2} & \ldots & a_{sn} \\ \vdots & & & \\ a_{n1} & a_{n2} & \ldots & a_{nn} \end{vmatrix} \qquad (38)$$

Nach der Reihe p entwickelt, erhält man:

$$J = a_{p1} A_{p1} + a_{p2} A_{p2} + a_{p3} A_{p3} + \ldots + a_{pn} A_{pn}.$$

Da die Unterdeterminanten von den zugehörigen Elementen ganz unabhängig sind, so bleiben sie unverändert, wenn wir diesen besonderen Werthe beilegen, indem wir setzen:

$$a_{p1} = a_{s1}; \ a_{p2} = a_{s2}; \ \ldots \ a_{pn} = a_{sn}.$$

Die letzte Formel gestaltet sich jetzt so:

$$J = a_{s1} A_{p1} + a_{s2} A_{p2} + \ldots + a_{sn} A_{pn}$$

und repräsentirt die Summe aller Produkte, die entstehen, wenn wir die Elemente der Reihe s mit denjenigen Unterdeterminanten multipliciren, die zur Reihe p gehören. Zugleich entstehen aber auch im Schema (38) zwei identisch gleiche Reihen, nämlich die

Reihen p und s, so dass der Werth der ganzen Determinante (nach §. 7) verschwinden und die letzte Formel in die nachfolgende übergehen muss:

$$a_{s1} A_{p1} + a_{s2} A_{p2} + \ldots + a_{sn} A_{pn} = 0. \qquad (39)$$

Wird diese Formel wieder auf die Colonnen q und r übertragen, so heisst sie:

$$a_{1r} A_{1q} + a_{2r} A_{2q} + \ldots + a_{nr} A_{nq} = 0. \qquad (40)$$

$$\text{Beispiel.} \quad J = \begin{vmatrix} 7 & 1 & 5 & 3 \\ 4 & 0 & 6 & 8 \\ 9 & 2 & 7 & 5 \\ 10 & 6 & 1 & 2 \end{vmatrix}$$

$$A_{11} = -164; \quad A_{12} = 260; \quad A_{13} = 168; \quad A_{14} = -44.$$

Wenn diese Unterdeterminanten, welche zur ersten Reihe gehören, mit den Elementen einer anderen, z. B. der dritten Reihe multiplicirt werden, so entsteht:

$$(-164) \cdot 9 + 260 \cdot 2 + 168 \cdot 7 - 44 \cdot 5 = 0.$$

§. 11. Zerlegung einer Determinante in eine Summe von Determinanten von gleichem Grade.

Werden die Elemente der Reihe p dadurch in zwei Theile zerlegt, dass

$$a_{p1} = \alpha_{p1} + \beta_{p1}; \quad a_{p2} = \alpha_{p2} + \beta_{p2}; \quad \ldots \; a_{pn} = \alpha_{pn} + \beta_{pn}$$

gesetzt wird, so gestaltet sich das allgemeine Schema folgendermassen:

$$J = \begin{vmatrix} a_{11} & a_{12} \ldots \ldots \ldots a_{1n} \\ a_{21} & a_{22} \ldots \ldots \ldots a_{2n} \\ \cdots\cdots\cdots\cdots\cdots\cdots\cdots \\ (\alpha_{p1} + \beta_{p1}), & (\alpha_{p2} + \beta_{p2}) \ldots \ldots (\alpha_{pn} + \beta_{pn}) \\ \cdots\cdots\cdots\cdots\cdots\cdots\cdots \\ a_{n1} & a_{n2} \ldots \ldots \ldots a_{nn} \end{vmatrix}, \qquad (41)$$

und die nach der Reihe p entwickelte Determinante erhält folgende Form:

$$J = (\alpha_{p1} + \beta_{p1}) A_{p1} + (\alpha_{p2} + \beta_{p2}) A_{p2} \ldots + (\alpha_{pn} + \beta_{pn}) A_{pn}.$$

Wir zerlegen diesen Werth in die beiden folgenden:

$$J_1 = \alpha_{p1} A_{p1} + \alpha_{p2} A_{p2} + \ldots + \alpha_{pn} A_{pn}$$

$$J_2 = \beta_{p1} A_{p1} + \beta_{p2} A_{p2} + \ldots + \beta_{pn} A_{pn}$$

und haben die Relation $\varDelta = \varDelta_1 + \varDelta_2$. Zugleich erkennen wir, dass $\varDelta_1$ und $\varDelta_2$ selbstständige Determinanten sind, welche mit $\varDelta$ die Unterdeterminanten der Reihe p gemeinschaftlich haben. Ihre Schemata stimmen daher auch mit dem Schema von $\varDelta$ genau überein bis auf die Elemente der Reihe p, welche in $\varDelta_1$ durch die α, in $\varDelta_2$ aber durch die β ersetzt werden muss. Hiernach ist

$$\varDelta_1 = \begin{vmatrix} a_{11} & a_{12} & \ldots & a_{1n} \\ a_{21} & a_{22} & \ldots & a_{2n} \\ \ldots & \ldots & \ldots & \ldots \\ a_{p1} & a_{p2} & \ldots & a_{pn} \\ \ldots & \ldots & \ldots & \ldots \\ a_{n1} & a_{n2} & \ldots & a_{nn} \end{vmatrix} ; \quad \varDelta_2 = \begin{vmatrix} a_{11} & a_{12} & \ldots & a_{1n} \\ a_{21} & a_{22} & \ldots & a_{2n} \\ \ldots & \ldots & \ldots & \ldots \\ \beta_{p1} & \beta_{p2} & \ldots & \beta_{pn} \\ \ldots & \ldots & \ldots & \ldots \\ a_{n1} & a_{n2} & \ldots & a_{nn} \end{vmatrix}$$

Wird das gleiche Verfahren bei $\varDelta_1$ und $\varDelta_2$ wiederholt, oder werden schon anfangs die Elemente der Reihe p in mehr als zwei Theile zerlegt, so zerfällt auch $\varDelta$ in eine grössere Anzahl von Determinanten.

Beispiel.

$$\begin{vmatrix} 8 & 2 & 5 \\ 7 & 10 & 1 \\ 3 & 6 & 4 \end{vmatrix} = \begin{vmatrix} 8 & 2 & 5 \\ 4 & 5 & 3 \\ 3 & 6 & 4 \end{vmatrix} + \begin{vmatrix} 8 & 2 & 5 \\ 3 & 5 & -2 \\ 3 & 6 & 4 \end{vmatrix}$$

$$7 = 4 + 3; \quad 10 = 5 + 5; \quad 1 = 3 - 2; \quad \varDelta_1 = 47; \quad \varDelta_2 = 235;$$
$$\varDelta = 282, \text{ oder } \varDelta = \varDelta_1 + \varDelta_2.$$

§. 12. Erlaubte Veränderung der Elemente einer Reihe.

Werden sämmtliche Elemente einer Reihe, beziehungsweise Colonne, mit dem nämlichen ganz beliebigen Factor multiplicirt und diese Produkte zu den Elementen einer anderen Reihe, resp. Colonne, addirt, so bleibt der Werth der Determinante unverändert.

Es soll bewiesen werden, dass $\qquad\qquad$ (42)

$$\begin{vmatrix} a_{11} & a_{12} & \ldots & a_{1n} \\ a_{21} & a_{22} & \ldots & a_{2n} \\ \ldots & \ldots & \ldots & \ldots \\ a_{p1} & a_{p2} & \ldots & a_{pn} \\ \ldots & \ldots & \ldots & \ldots \\ a_{s1} & a_{s2} & \ldots & a_{sn} \\ \ldots & \ldots & \ldots & \ldots \\ a_{n1} & a_{n2} & \ldots & a_{nn} \end{vmatrix} = \begin{vmatrix} a_{11} & a_{12} & \ldots \ldots \ldots \ldots \ldots & a_{1n} \\ a_{21} & a_{22} & \ldots \ldots \ldots \ldots \ldots & a_{2n} \\ & & \\ (a_{p1} + m.a_{s1}), & (a_{p2} + m.a_{s2}) \ldots (a_{pn} + m.a_{sn}), \\ & & \\ a_{s1} & a_{s2} & \ldots \ldots \ldots \ldots \ldots & a_{sn} \\ & & \\ a_{n1} & a_{n2} & \ldots \ldots \ldots \ldots \ldots & a_{nn} \end{vmatrix}$$

ist, wenn in J_2 die Elemente der Reihe p dadurch entstanden sind, dass man in J_1 die mit dem beliebigen Factor m multiplicirten Elemente der Reihe s zu den entsprechenden Elementen der Reihe p addirt hat. Wird J_2 nach Anleitung des vorhergehenden Satzes in zwei Determinanten zerlegt, indem man die Elemente der Reihe p wieder in ihre Theile a_{p1} und $m \cdot a_{s1}$, a_{p2} und $m \cdot a_{s2}$ u. s. w. auflöst, so gehen daraus zwei Determinanten hervor, von welchen die eine gleich J_1 ist, die andere aber so heisst:

$$J_3 = \begin{vmatrix} a_{11} & a_{12} & \cdots & a_{1n} \\ a_{21} & a_{22} & \cdots & a_{2n} \\ \cdots & \cdots & \cdots & \cdots \\ m \cdot a_{s1}, & m \cdot a_{s2} & \cdots & m \cdot a_{sn} \\ \cdots & \cdots & \cdots & \cdots \\ a_{s1} & a_{s2} & \cdots & a_{sn} \\ \cdots & \cdots & \cdots & \cdots \\ a_{n1} & a_{n2} & \cdots & a_{nn} \end{vmatrix}$$

Wird der gemeinsame Factor m ausgeschieden, so werden zwei Reihen gleich, und dann ist $J_3 = 0$. Da aber $J_2 = J_1 + J_3$ ist, so folgt, dass $J_2 = J_1$ sein muss.

Ein negativer Werth von m verwandelt diese Addition thatsächlich in eine Subtraction, für $m = \pm 1$ werden die Elemente der einen Reihe unverändert mit denen der anderen Reihe vereinigt. Dass dieser Satz auch auf Colonnen anwendbar ist, bedarf keines besonderen Beweises.

Für den Fall, dass die Elemente gewöhnliche Zahlen sind, kann mittelst dieser Sätze das Schema zu einer für die Ausrechnung bequemeren Form transformirt werden, indem man die Reihen, beziehungsweise Colonnen, so mit einander verbindet, dass alle Elemente einer Reihe oder Colonne bis auf ein einziges in Null übergehen. Die ganze Determinante reducirt sich dann, wenn sie nach (33), beziehungsweise (34), dargestellt wird, auf das Produkt aus diesem einzigen Elemente mit der zugehörigen Unterdeterminante.

1. Beispiel:

$$\overset{J_1}{\begin{vmatrix} 6 & 10 & 3 & 11 \\ 1 & 4 & 1 & -5 \\ 6 & 5 & 1 & 8 \\ 3 & 7 & 2 & 3 \end{vmatrix}} = \overset{J_2}{\begin{vmatrix} 0 & 10 & 3 & 11 \\ -1 & 4 & 1 & -5 \\ 0 & 21 & 5 & -12 \\ 0 & 3 & 1 & 8 \end{vmatrix}}$$

J_2, welches $= J_1$ ist, geht aus diesem hervor, indem man die dritte Colonne doppelt von der ersten, dann die zweite Reihe einfach

von der vierten abzieht und nochmals die zweite Reihe vierfach
zur dritten addirt. Nun ist

$$\Delta_2 = a_{21} A_{21} = (-1) \cdot - \begin{array}{c} \Delta_3 \\ \begin{vmatrix} 10 & 3 & 11 \\ 21 & 5 & -12 \\ 3 & 1 & 8 \end{vmatrix} \end{array} = \Delta_3.$$

Nachdem in Δ_3 die dritte Reihe zur zweiten addirt ist, wird in
dieser der gemeinsame Factor 2 ausgeschieden, dann die erste
Reihe von der zweiten und endlich die dreifache dritte Reihe von
der ersten abgezogen. So erhält man:

$$\Delta_3 = 2 \begin{vmatrix} 1 & 0 & -13 \\ 2 & 0 & -13 \\ 3 & 1 & 8 \end{vmatrix} = 2 \cdot 1 \cdot \begin{vmatrix} 1 & -13 \\ 2 & -13 \end{vmatrix} = -2 \begin{vmatrix} 1 & 13 \\ 2 & 13 \end{vmatrix}$$

$$\Delta_3 = 26.$$

Dies ist aber auch der Werth von Δ_1, und so sehen wir hier eine
Determinante vom vierten Grade auf eine solche vom zweiten Grade
reducirt, deren Ausrechnung einfach ist.

2. Beispiel:

$$\begin{array}{cc} \Delta_1 & \Delta_2 \\ \begin{vmatrix} 2\frac{1}{2} & -1\frac{2}{3} & 2 & -4 \\ 1\frac{3}{4} & -1\frac{1}{2} & 3 & -1 \\ 2 & -3\frac{1}{2} & 1 & -2 \\ 1\frac{1}{3} & -4\frac{1}{2} & 4 & -3 \end{vmatrix} = \frac{1}{72} \begin{vmatrix} 30 & 10 & 2 & 4 \\ 21 & 9 & 3 & 1 \\ 24 & 21 & 1 & 2 \\ 16 & 27 & 4 & 3 \end{vmatrix} \end{array}$$

Hier geht Δ_2 hervor aus Δ_1, indem man die erste Colonne mit
12, die zweite mit -6, die vierte mit -1 multiplicirt und die
ganze Determinante wieder mit $12 \cdot (-6) \cdot (-1) = 72$ dividirt.
Wird weiter aus der ersten Reihe der Factor 2 ausgeschieden,
dann die zweite Colonne dreifach von der ersten, die dritte fünf-
fach von der zweiten und doppelt von der vierten abgezogen, so
erhält man das nachfolgende:

$$\begin{array}{cc} \Delta_3 & \Delta_4 \\ \frac{1}{36} \begin{vmatrix} 0 & 0 & 1 & 0 \\ -6 & -6 & 3 & -5 \\ -39 & 16 & 1 & 0 \\ -65 & 7 & 4 & -5 \end{vmatrix} = \frac{1}{36} \begin{vmatrix} -6 & -6 & -5 \\ -39 & 16 & 0 \\ -65 & 7 & -5 \end{vmatrix} \end{array}$$

Δ_4 ist das Produkt aus $a_{13} = 1$ und der entsprechenden Unterdeterminante. Nachdem nun in der ersten und dritten Colonne
die Vorzeichen gewechselt sind, wobei das Vorzeichen der Determinante selbst unverändert bleibt, zieht man die erste Reihe von
der dritten ab und gelangt so zu der Form:

$$\varDelta_4 = \frac{1}{36} \begin{vmatrix} 6 & -6 & 5 \\ 39 & 16 & 0 \\ 59 & 13 & 0 \end{vmatrix} = \frac{5}{36} \begin{vmatrix} 39 & 16 \\ 59 & 13 \end{vmatrix} = \frac{5}{36} \cdot (-437),$$

und wieder ist $\varDelta_4 = -\frac{2185}{36}$ der Werth von $\varDelta_1$.

Anmerkung. In beiden Beispielen sind einfachere, aber desswegen auch weniger instructive Transformationen möglich.

§. 13. Zerlegung einer Determinante.

Zerlegung einer Determinante vom Grade n in eine Summe von Produkten, deren beide Factoren wieder Determinanten sind, und zwar vom Grade p und $(n-p)$.

Damit sich die nachfolgenden Entwicklungen nicht allzu umfangreich gestalten, führen wir dieselben nicht an einem allgemeinen Schema, sondern nur an solchen von bestimmten Graden aus und beginnen mit einer Determinante vierten Grades:

$$\varDelta = \begin{vmatrix} a_1 & a_2 & a_3 & a_4 \\ b_1 & b_2 & b_3 & b_4 \\ c_1 & c_2 & c_3 & c_4 \\ d_1 & d_2 & d_3 & d_4 \end{vmatrix} \qquad (43)$$

Zunächst geben wir $\varDelta$ die folgende Gestalt:

$$\varDelta = a_1 \begin{vmatrix} b_2 & b_3 & b_4 \\ c_2 & c_3 & c_4 \\ d_2 & d_3 & d_4 \end{vmatrix} - a_2 \begin{vmatrix} b_1 & b_3 & b_4 \\ c_1 & c_3 & c_4 \\ d_1 & d_3 & d_4 \end{vmatrix} + a_3 \begin{vmatrix} b_1 & b_2 & b_4 \\ c_1 & c_2 & c_4 \\ d_1 & d_2 & d_4 \end{vmatrix}$$

$$- a_4 \begin{vmatrix} b_1 & b_2 & b_3 \\ c_1 & c_2 & c_3 \\ d_1 & d_2 & d_3 \end{vmatrix}$$

Wird das gleiche Verfahren auf die zurückgebliebenen Determinanten dritten Grades angewendet, so erhält man:

$$\varDelta = a_1 \left\{ b_2 \begin{vmatrix} c_3 & c_4 \\ d_3 & d_4 \end{vmatrix} - b_3 \begin{vmatrix} c_2 & c_4 \\ d_2 & d_4 \end{vmatrix} + b_4 \begin{vmatrix} c_2 & c_3 \\ d_2 & d_3 \end{vmatrix} \right\}$$

$$- a_2 \left\{ b_1 \begin{vmatrix} c_3 & c_4 \\ d_3 & d_4 \end{vmatrix} - b_3 \begin{vmatrix} c_1 & c_4 \\ d_1 & d_4 \end{vmatrix} + b_4 \begin{vmatrix} c_1 & c_3 \\ d_1 & d_3 \end{vmatrix} \right\}$$

$$+ a_3 \left\{ b_1 \begin{vmatrix} c_2 & c_4 \\ d_2 & d_4 \end{vmatrix} - b_2 \begin{vmatrix} c_1 & c_4 \\ d_1 & d_4 \end{vmatrix} + b_4 \begin{vmatrix} c_1 & c_2 \\ d_1 & d_2 \end{vmatrix} \right\}$$

$$- a_4 \left\{ b_1 \begin{vmatrix} c_2 & c_3 \\ d_2 & d_3 \end{vmatrix} - b_2 \begin{vmatrix} c_1 & c_3 \\ d_1 & d_3 \end{vmatrix} + b_3 \begin{vmatrix} c_1 & c_2 \\ d_1 & d_2 \end{vmatrix} \right\}.$$

Die jetzt noch übrig gebliebenen Determinanten sind vom zweiten Grade. Berücksichtigt man, dass eine jede in zwei Theilen als Factor auftritt, so lässt sich J auch in folgender Form anschreiben:

$$J = (a_1 b_2 - a_2 b_1) \begin{array}{cc} c_3 & c_4 \\ d_3 & d_4 \end{array} - (a_1 b_3 - a_3 b_1) \begin{array}{cc} c_2 & c_4 \\ d_2 & d_4 \end{array}$$

$$+ (a_1 b_4 - a_4 b_1) \begin{vmatrix} c_2 & c_3 \\ d_2 & d_3 \end{vmatrix} + (a_2 b_3 - a_3 b_2) \begin{array}{cc} c_1 & c_4 \\ d_1 & d_4 \end{array}$$

$$- (a_2 b_4 - a_4 b_2) \begin{array}{cc} c_1 & c_3 \\ d_1 & d_3 \end{array} + (a_3 b_4 - a_4 b_3) \begin{array}{cc} c_1 & c_2 \\ d_1 & d_2 \end{array}$$

Bedenkt man endlich noch, dass auch die Klammerwerthe Determinanten zweiten Grades sind, so erscheint schliesslich J in folgender Zusammensetzung:

$$J = \begin{vmatrix} a_1 & a_2 \\ b_1 & b_2 \end{vmatrix} \cdot \begin{array}{cc} c_3 & c_4 \\ d_3 & d_4 \end{array} - \begin{array}{cc} a_1 & a_3 \\ b_1 & b_3 \end{array} \cdot \begin{array}{cc} c_2 & c_4 \\ d_2 & d_4 \end{array}$$

$$+ \begin{array}{cc} a_1 & a_4 \\ b_1 & b_4 \end{array} \cdot \begin{array}{cc} c_2 & c_3 \\ d_2 & d_3 \end{array} + \begin{array}{cc} a_2 & a_3 \\ b_2 & b_3 \end{array} \cdot \begin{array}{cc} c_1 & c_4 \\ d_1 & d_4 \end{array} \qquad (44)$$

$$- \begin{vmatrix} a_2 & a_4 \\ b_2 & b_4 \end{vmatrix} \cdot \begin{vmatrix} c_1 & c_3 \\ d_1 & d_3 \end{vmatrix} + \begin{vmatrix} a_3 & a_4 \\ b_3 & b_4 \end{vmatrix} \cdot \begin{vmatrix} c_1 & c_2 \\ d_1 & d_2 \end{vmatrix}$$

Zur einfacheren Darstellung empfiehlt sich hier die symbolische Bezeichnung der Determinanten durch ihr Diagonalglied, und zwar ist dann:

$$J = (a_1 b_2) \cdot (c_3 d_4) - (a_1 b_3) \cdot (c_2 d_4) + (a_1 b_4) \cdot (c_2 d_3)$$
$$+ (a_2 b_3) \cdot (c_1 d_4) - (a_2 b_4) \cdot (c_1 d_3) + (a_3 b_4) \cdot (c_1 d_2).$$

Die Determinante vierten Grades sehen wir so in eine Summe von Produkten zerlegt, deren Factoren ebenfalls Determinanten sind, für welche die Schemata ohne Schwierigkeit aus dem gegebenen entnommen werden können. Die Elemente bezeichnen nämlich in (43) Rechtecke, die so liegen, dass das Schema des zweiten Factors übrig bleibt, wenn man diejenigen Reihen und Colonnen auslöscht, denen die Elemente des ersten Factors angehören. So zusammengehörige Determinanten werden correspondirende genannt. Wird durch Wechsel die Lage der Reihen oder Colonnen geändert, so lässt sich die Formel (44) auch auf das transformirte Schema anwenden und so die vorgelegte Determinante in sehr verschiedener Weise in eine Summe von Determinantenprodukten zerlegen.

Nachdem an diesem Beispiele das Wesen der beabsichtigten Zerlegung klar gestellt ist, sollen an einem weiteren allgemein gültige Regeln und Formeln entwickelt werden und mag dazu eine Determinante fünften Grades dienen.

$$J = \begin{vmatrix} a_1 & a_2 & a_3 & a_4 & a_5 \\ b_1 & b_2 & b_3 & b_4 & b_5 \\ c_1 & c_2 & c_3 & c_4 & c_5 \\ d_1 & d_2 & d_3 & d_4 & d_5 \\ e_1 & e_2 & e_3 & e_4 & e_5 \end{vmatrix} \qquad (45)$$

Von der Annahme ausgehend, dass die correspondirenden Determinanten vom zweiten und dritten Grade sein sollen, leiten wir zuerst aus der Indicesform des Diagonalgliedes folgende weitere Formen ab:

1 2	3 4 5			2 4	1 3 5			
1 3	2 4 5			2 5	1 3 4			
1 4	2 3 5			3 4	1 2 5			(46)
1 5	2 3 4			3 5	1 2 4			
2 3	1 4 5			4 5	1 2 3			

Wir finden hier jede Form in zwei Gruppen zerlegt und innerhalb jeder Gruppe die Indices in natürlicher Folge. Der ersten Form entspricht das Determinantenglied: $a_1 \, b_2 \, . \, c_3 \, d_4 \, e_5$, und daraus leiten wir weitere Glieder dadurch her, dass wir den ersten Theil $a_1 \, b_2$ festhalten und nur die Indices der zweiten Gruppe permutiren, wodurch entsteht:

$$a_1 \, b_2 \, [c_3 \, d_4 \, e_5 - c_3 \, d_5 \, e_4 + c_4 \, d_5 \, e_3 - c_4 \, d_3 \, e_5 + c_5 \, d_3 \, e_4 - c_5 \, d_4 \, e_3].$$

Wird diese Klammer nach Art der Multiplication aufgelöst, so gehen daraus diejenigen sechs Glieder hervor, welche mit $a_1 \, b_2$ anfangen. Durch Tausch von 1 mit 2 entstehen hieraus sechs weitere Glieder, welche gewechselte Vorzeichen besitzen und sich auch so zusammenfassen lassen:

$$- a_2 \, b_1 \, [c_3 \, d_4 \, e_5 - c_3 \, d_5 \, e_4 + c_4 \, d_5 \, e_3 - c_4 \, d_3 \, e_5 + c_5 \, d_3 \, e_4 - c_5 \, d_4 \, e_3].$$

Der beiden Ausdrücken gemeinschaftliche Klammerfactor ist die Determinante $(c_3 \, d_4 \, e_5)$, und da auch die beiden Theile $a_1 \, b_2$ und $- a_2 \, b_1$, oder $(a_1 \, b_2 - a_2 \, b_1)$ als Determinante $(a_1 \, b_2)$ geschrieben werden können, so repräsentirt die symbolische Form:

$$(a_1 \, b_2) \, . \, (c_3 \, d_4 \, e_5)$$

diejenigen zwölf Glieder von J, in welchen die Indices der einen und der anderen Gruppe nur unter sich vertauscht sind.

Ebenso entspricht jeder weiteren unter (46) zusammengestellten Indicesform ein bestimmtes Determinantenglied, aus dem in genau gleicher Weise weitere Glieder hergeleitet werden können. Nehmen wir an, ein solches habe die Form:

$$a_i \, b_k \, . \, c_m \, d_n \, e_p , \qquad (47)$$

so muss darauf Rücksicht genommen werden, dass $i < k$ und $m < n < p$ ist. Um nun auch das Vorzeichen festzustellen, muss man beachten, wie dieses Glied aus dem Hauptgliede hervorgeht. Es wird nämlich zuerst i mit dem vorhergehenden Index $(i — 1)$ vertauscht, dann mit $(i — 2)$, $(i — 3)$ u. s. w., d. h. i rückt durch Tausch von Stelle zu Stelle vor und gelangt nach $(i — 1)$ Indiceswechseln an die Stelle von 1. Selbstverständlich muss hierbei auch das Vorzeichen $(i — 1)$ mal gewechselt werden. Ebenso lassen wir k von Position zu Position durch Tausch vorrücken bis zur Stelle 2, wohin es nach $(k — 2)$ Vertauschungen gelangen muss. Da diese Verschiebung $(k — 2)$ Zeichenwechsel zur Folge hat, so sind deren im Ganzen $(i — 1) + (k — 2)$ zu verzeichnen, welche durch den Factor $(— 1)^{(i-1)+(k-2)}$ ihren Ausdruck finden.

Hiernach wird das Glied mit seinem Vorzeichen jetzt so heissen:

$$(— 1)^{i-1+k-2} \, a_i \, b_k \, . \, c_m \, d_n \, e_p .$$

Hält man hierin den ersten Theil fest und wechselt fortgesetzt die Indices der zweiten Gruppe, so wandelt sich dieses einzige Glied in folgenden Ausdruck um:

$$(— 1)^{i-1+k-2} \, a_i \, b_k \, [c_m \, d_n \, e_p — c_m \, d_p \, e_n + c_n \, d_p \, e_m$$
$$— c_n \, d_m \, e_p + c_p \, d_m \, e_n — c_p \, d_n \, e_m].$$

Wird dieses Produkt ausmultiplicirt, so stellt es sechs Glieder von vor mit abwechselnd positiven und negativen Vorzeichen, genau so, wie es der fortgesetzte Indiceswechsel erfordert. Da nun die Werthe in der Klammer die entwickelte Determinante $(c_m \, d_n \, e_p)$ darstellen, so können diese sechs Glieder unter folgendem Symbole zusammengefasst werden:

$$(— 1)^{i-1+k-2} \, . \, a_i \, b_k \, (c_m \, d_n \, e_p).$$

Vertauscht man darin noch die Indices 1 und 2 und wechselt das Zeichen, so gehen daraus sechs weitere Glieder von J hervor und zwar unter der Form:

$$(— 1)^{i-1+k-2} \, . \, — a_k \, b_i \, (c_m \, d_n \, e_p).$$

Beide Ausdrücke lassen sich vereinigen zu der Summe:

$$(— 1)^{i-1+k-2} \, [a_i \, b_k — a_k \, b_i] \, (c_m \, d_n \, e_p).$$

welche die noch einfachere Form annimmt:

$$(-1)^{i-1+k}\,{}^2\,(a_i\,b_k)\,(c_m\,d_n\,e_p),\qquad(48)$$

wenn man dem ersten Factor, der eine Determinante zweiten Grades ist, ebenfalls symbolische Form gibt. Hiernach können die 120 Glieder der Determinante (45) zu folgenden zehn Produkten zusammengezogen werden:

$$= (-1)^{0+0}\,(a_1\,b_2)\,(c_3\,d_4\,e_5) + (-1)^{0+1}\,(a_1\,b_3)\,(c_2\,d_4\,e_5)$$
$$+ (-1)^{0+2}\,(a_1\,b_4)\,(c_2\,d_3\,e_5) + (-1)^{0+3}\,(a_1\,b_5)\,(c_2\,d_3\,e_4)$$
$$+ (-1)^{1+1}\,(a_2\,b_3)\,(c_1\,d_4\,e_5) + (-1)^{1+2}\,(a_2\,b_4)\,(c_1\,d_3\,e_5)$$
$$+ (-1)^{1+3}\,(a_2\,b_5)\,(c_1\,d_3\,e_4) + (-1)^{2+2}\,(a_3\,b_4)\,(c_1\,d_2\,e_5)$$
$$+ (-1)^{2+3}\,(a_3\,b_5)\,(c_1\,d_2\,e_4) + (-1)^{3+3}\,(a_4\,b_5)\,(c_1\,d_2\,e_3)$$

Zur Orientirung über die Bedeutung dieser Formen soll eine derselben entwickelt werden:

$$(-1)^{2+3}\,(a_3\,b_5)\,(c_1\,d_2\,e_4) = -\,[a_3\,b_5 - a_5\,b_3]\,[c_1\,d_2\,e_4$$
$$-\,c_1\,d_4\,e_2 - c_2\,d_1\,e_4 + c_2\,d_4\,e_1 + c_4\,d_1\,e_2 - c_4\,d_2\,e_1]$$
$$= -\,a_3\,b_5\,c_1\,d_2\,e_4 + a_3\,b_5\,c_1\,d_4\,e_2 + a_3\,b_5\,c_2\,d_1\,e_4$$
$$-\,a_3\,b_5\,c_2\,d_4\,e_1 - a_3\,b_5\,c_4\,d_1\,e_2 + a_3\,b_5\,c_4\,d_2\,e_1$$
$$+\,a_5\,b_3\,c_1\,d_2\,e_4 - a_5\,b_3\,c_1\,d_4\,e_2 - a_5\,b_3\,c_2\,d_1\,e_4$$
$$+\,a_5\,b_3\,c_2\,d_4\,e_1 + a_5\,b_3\,c_4\,d_1\,e_2 - a_5\,b_3\,c_4\,d_2\,e_1$$

Ist es unsere Absicht, die nämliche Determinante in solche Produkte zu verwandeln, deren erste Factoren Determinanten dritten Grades sind, so muss die anfängliche Zerlegung der Indices in folgender Weise bewerkstelligt werden:

$$\begin{array}{llll}
1\;2\;3 & 4\;5 & \qquad 1\;4\;5 & 2\;3 \\
1\;2\;4 & 3\;5 & \qquad 2\;3\;4 & 1\;5 \\
1\;2\;5 & 3\;4 & \qquad 2\;3\;5 & 1\;4 \qquad (49)\\
1\;3\;4 & 2\;5 & \qquad 2\;4\;5 & 1\;3 \\
1\;3\;5 & 2\;4 & \qquad 3\;4\;5 & 1\;2
\end{array}$$

Greifen wir eine beliebige dieser Formen heraus, so mag das entsprechende Glied $a_i\,b_k\,c_m\,.\,d_n\,e_p$ heissen. Zu dessen Vervollständigung bleibt uns nur noch übrig, das Vorzeichen zu bestimmen. Hierbei muss fest im Auge behalten werden, dass innerhalb einer jeden der beiden Gruppen die Indices in natürlicher Folge stehen, also $i < k < m$ und $n < p$ ist. Nun mussten i nach und nach um $(i-1)$, k um $(k-2)$ und m um $(m-3)$ Stellen aufrücken, bis sie aus ihrer ursprünglichen Lage im Hauptgliede bis zu ihrer jetzigen Stelle gekommen waren, und da jeder Uebergang von einer Position zur nächstfolgenden einen Zeichenwechsel zur

Folge hat, so waren zur Ableitung dieses Gliedes im Ganzen $i-1+k-2+m-3$ Zeichenwechsel erforderlich, so dass das Vorzeichen durch den Factor $(-1)^{i-1+k-2+m-3}$ geregelt wird und das ganze Glied jetzt heisst:

$$(-1)^{i-1+k-2+m-3} a_i b_k c_m . d_n e_p .$$

Wir haben hier das ganze Glied als Produkt aus zwei Theilen dargestellt; werden im zweiten die Indices gewechselt, so muss auch das Vorzeichen sich ändern und wir erhalten das weitere Glied:

$$(-1)^{i-1+k-2+m-3} a_i b_k c_m . - d_p e_n$$

und fassen beide zu dem Ausdruck zusammen:

$$(-1)^{i-1+k-2+m-3} a_i b_k c_m [d_n e_p - d_p e_n]$$

dem wir die noch kürzere Form geben können:

$$(-1)^{i-1+k-2+m-3} a_i b_k c_m (d_n e_p).$$

worin der zweite Theil wieder eine Determinante zweiten Grades bedeutet. Wird diese unverändert fest gehalten und werden die Indices des ersten Theiles durch fortgesetztes Vertauschen permutirt, so erhält man:

$$(-1)^{i-1+k-2+m-3} [a_i b_k c_m - a_i b_m c_k + a_m b_i c_k$$
$$- a_m b_k c_i + a_k b_m c_i - a_k b_i c_m] (d_n e_p),$$

ein Ausdruck, der wieder kürzer geschrieben werden kann:

$$(-1)^{i-1+k-2+m-3} (a_i b_k c_m) (d_n e_p). \qquad (50)$$

Wenden wir diese Formel auf die ganze unter (49) gegebene Zusammenstellung an, so setzt sich die Determinante fünften Grades aus folgenden Theilen zusammen:

$$= (-1)^{0+0+0} (a_1 b_2 c_3) (d_4 e_5) + (-1)^{0+0+1} (a_1 b_2 c_4) (d_3 e_5)$$
$$+ (-1)^{0+0+2} (a_1 b_2 c_5) (d_3 e_4) + (-1)^{0+1+1} (a_1 b_3 c_4) (d_2 e_5)$$
$$+ (-1)^{0+1+2} (a_1 b_3 c_5) (d_2 e_4) + (-1)^{0+2+2} (a_1 b_4 c_5) (d_2 e_3)$$
$$+ (-1)^{1+1+1} (a_2 b_3 c_4) (d_1 e_5) + (-1)^{1+1+2} (a_2 b_3 c_5) (d_1 e_4)$$
$$+ (-1)^{1+2+2} (a_2 b_4 c_5) (d_1 e_3) + (-1)^{2+2+2} (a_3 b_4 c_5) (d_1 e_2).$$

Wieder müssen wir uns darauf beschränken, nur eines dieser Produkte vollständig zu entwickeln, und wählen dazu:

$$(-1)^{1+1+2} (a_2 b_3 c_5) (d_1 e_4) =$$
$$[a_2 b_3 c_5 - a_2 b_5 c_3 + a_3 b_5 c_2 - a_3 b_2 c_5 + a_5 b_2 c_3 - a_5 b_3 c_2]$$
$$\times [d_1 e_4 - d_4 e_1] =$$
$$a_2 b_3 c_5 d_1 e_4 - a_2 b_3 c_5 d_4 e_1 - a_2 b_5 c_3 d_1 e_4 + a_2 b_5 c_3 d_4 e_1$$
$$+ a_3 b_5 c_2 d_1 e_4 - a_3 b_5 c_2 d_4 e_1 - a_3 b_2 c_5 d_1 e_4 + a_3 b_2 c_5 d_4 e_1$$
$$+ a_5 b_2 c_3 d_1 e_4 - a_5 b_2 c_3 d_4 e_1 - a_5 b_3 c_2 d_1 e_4 + a_5 b_3 c_2 d_4 e_1 .$$

Schliesslich soll noch veranschaulicht werden, wie die Schemata correspondirender Determinanten aus dem Hauptschema zu entnehmen sind:

$$\begin{vmatrix} . & a_2 & a_3 & . & a_5 \\ . & b_2 & b_3 & . & b_5 \\ . & c_2 & c_3 & . & c_5 \\ d_1 & . & . & d_4 & . \\ e_1 & . & . & e_4 & . \end{vmatrix}$$

Die Schemata von $(a_2\ b_3\ c_5)$ und $(d_1\ e_4)$ treten hier deutlich genug hervor. Es kann nicht schwer fallen, diese Art der Zerlegung auf beliebige Determinanten zu übertragen.

§. 14. Auflösung linearer Gleichungen.

Anwendung der Determinanten zur Auflösung eines Systems von n linearen Gleichungen zwischen n Unbekannten. Die homogenen linearen Gleichungen.

Zur Entwicklung der hier massgebenden Formeln benutzen wir für den Anfang wieder ein System von drei Gleichungen zwischen drei Unbekannten:

$$\begin{aligned} a_{11}\,x + a_{12}\,y + a_{13}\,z &= \alpha \\ a_{21}\,x + a_{22}\,y + a_{23}\,z &= \beta \qquad (51) \\ a_{31}\,x + a_{32}\,y + a_{33}\,z &= \gamma \end{aligned}$$

Ein so geordnetes System von Gleichungen bestimmt durch seine Coefficienten immer das Schema einer Determinante, welche hier heisst:

$$\varDelta = \begin{vmatrix} a_{11} & a_{12} & a_{13} \\ a_{21} & a_{22} & a_{23} \\ a_{31} & a_{32} & a_{33} \end{vmatrix} \qquad (52)$$

Wird die erste Gleichung mit A_{11}, die zweite mit A_{21}, die dritte mit A_{31}, d. h. mit den Unterdeterminanten der ersten Colonne von $\varDelta$ multiplicirt, so erhält man durch Addition derselben die folgende:

$$(a_{11}A_{11} + a_{21}A_{21} + a_{31}A_{31})x + (a_{12}A_{11} + a_{22}A_{21} + a_{32}A_{31})y$$
$$+ (a_{13}A_{11} + a_{23}A_{21} + a_{33}A_{31})z = \alpha A_{11} + \beta A_{21} + \gamma A_{31}.$$

Nach früheren Sätzen (§. 7 und §. 9) ist aber:

$$a_{11} A_{11} + a_{21} A_{21} + a_{31} A_{31} = \varDelta$$
$$a_{12} A_{11} + a_{22} A_{21} + a_{32} A_{31} = 0$$
$$a_{13} A_{11} + a_{23} A_{21} + a_{33} A_{31} = 0,$$

so dass die Coefficienten von y und z verschwinden und für die einzige zurückgebliebene Unbekannte x der folgende Werth aus der vereinfachten Gleichung hervorgeht:

$$x = \frac{\alpha A_{11} + \beta A_{21} + \gamma A_{31}}{a_{11} A_{11} + a_{21} A_{21} + a_{31} A_{31}}. \tag{53}$$

Wie wir sehen, unterscheidet sich der Zähler nur dadurch von dem Nenner, dass die Coefficienten a_{11}, a_{21}, a_{31} durch die Constanten α, β, γ vertreten sind. Da nun der Nenner die Determinante der Coefficienten ist, so muss auch der Zähler in Determinantenform geschrieben werden können, und zwar unterscheiden sich Nenner und Zähler nur durch die Elemente der ersten Colonne, weil die hierzu gehörigen Unterdeterminanten ihnen gemeinschaftlich angehören. So schreiben wir:

$$x = \frac{\begin{vmatrix} \alpha & a_{12} & a_{13} \\ \beta & a_{22} & a_{23} \\ \gamma & a_{32} & a_{33} \end{vmatrix}}{\begin{vmatrix} a_{11} & a_{12} & a_{13} \\ a_{21} & a_{22} & a_{23} \\ a_{31} & a_{32} & a_{33} \end{vmatrix}} = \frac{\varDelta_x}{\varDelta}. \tag{54}$$

Um y zu finden, kann man ebenso die Gleichungen mit den Unterdeterminanten der zweiten Colonne, nämlich mit A_{12}, A_{22}, A_{32} multipliciren und dann addiren. Hierbei verschwinden die Coefficienten von x und z, und man erhält:

$$y = \frac{\alpha A_{12} + \beta A_{22} + \gamma A_{32}}{a_{12} A_{12} + a_{22} A_{22} + a_{32} A_{32}}.$$

Der Nenner ist wieder die Determinante der Coefficienten, der Zähler ist dem Nenner gleich bis auf die Elemente der zweiten Colonne, in welcher die Constanten α, β, γ erscheinen. Uebrigens kann der Werth für y aus dem für x auch dadurch abgeleitet werden, dass man die Coefficienten von y mit denen von x vertauscht. Man erhält so:

$$y = \frac{\begin{vmatrix} \alpha & a_{11} & a_{13} \\ \beta & a_{21} & a_{23} \\ \gamma & a_{31} & a_{33} \end{vmatrix}}{\begin{vmatrix} a_{12} & a_{11} & a_{13} \\ a_{22} & a_{21} & a_{23} \\ a_{32} & a_{31} & a_{33} \end{vmatrix}} = \frac{\begin{vmatrix} a_{11} & \alpha & a_{13} \\ a_{21} & \beta & a_{23} \\ a_{31} & \gamma & a_{33} \end{vmatrix}}{\begin{vmatrix} a_{11} & a_{12} & a_{13} \\ a_{21} & a_{22} & a_{23} \\ a_{31} & a_{32} & a_{33} \end{vmatrix}} = \frac{\varDelta_y}{\varDelta}$$

Der letzte Quotient ist genau der oben gefundene Bruchwerth in anderer Gestalt.

Auch z kann direkt aus den Gleichungen abgeleitet werden, indem man diese mit A_{13}, A_{23}, A_{33} multiplicirt und addirt, wobei x und y verschwinden. Einfacher entsteht aber z aus dem Werth von y dadurch, dass man die Coefficienten beider Unbekannten vertauscht. Man findet:

$$z = \frac{\begin{vmatrix} a_{11} & \alpha & a_{12} \\ a_{21} & \beta & a_{22} \\ a_{31} & \gamma & a_{32} \end{vmatrix}}{\begin{vmatrix} a_{11} & a_{13} & a_{12} \\ a_{21} & a_{23} & a_{22} \\ a_{31} & a_{33} & a_{32} \end{vmatrix}} = \frac{\begin{vmatrix} a_{11} & a_{12} & \alpha \\ a_{21} & a_{22} & \beta \\ a_{31} & a_{32} & \gamma \end{vmatrix}}{\begin{vmatrix} a_{11} & a_{12} & a_{13} \\ a_{21} & a_{22} & a_{23} \\ a_{31} & a_{32} & a_{33} \end{vmatrix}} = \frac{\varDelta_z}{\varDelta}.$$

Beispiel:

$$3x + 6y + 5z = 13$$
$$9x - 8y + z = 17$$
$$11x + 0.y + 8z = 23$$

$$\varDelta = \begin{vmatrix} 3 & 6 & 5 \\ 9 & -8 & 1 \\ 11 & 0 & 8 \end{vmatrix} = -118; \quad \varDelta_x = \begin{vmatrix} 13 & 6 & 5 \\ 17 & -8 & 1 \\ 23 & 0 & 8 \end{vmatrix} = -590;$$

$$\varDelta_y = \begin{vmatrix} 3 & 13 & 5 \\ 9 & 17 & 1 \\ 11 & 23 & 8 \end{vmatrix} = -354; \quad \varDelta_z = \begin{vmatrix} 3 & 6 & 13 \\ 9 & -8 & 17 \\ 11 & 0 & 23 \end{vmatrix} = 472.$$

$$x = \frac{\varDelta_x}{\varDelta} = 5; \quad y = \frac{\varDelta_y}{\varDelta} = 3; \quad z = \frac{\varDelta_z}{\varDelta} = -4.$$

Nach diesen Beispielen wenden wir uns zur Entwicklung einer Auflösungsformel für n Gleichungen zwischen n Unbekannten.

$$a_{11} x_1 + a_{12} x_2 + \ldots + a_{1p} x_p + \ldots a_{1n} x_n = \alpha_1$$
$$a_{21} x_1 + a_{22} x_2 + \ldots + a_{2p} x_p + \ldots a_{2n} x_n = \alpha_2 \qquad (55)$$
$$\cdots\cdots\cdots\cdots\cdots\cdots\cdots\cdots\cdots\cdots\cdots\cdots\cdots\cdots$$
$$a_{n1} x_1 + a_{n2} x_2 + \ldots + a_{np} x_p + \ldots a_{nn} x_n = \alpha_n.$$

Zuerst wird wieder die Determinante der Coefficienten hergestellt:

$$J = \begin{vmatrix} a_{11} & a_{12} & \ldots & a_{1p} & \ldots & a_{1n} \\ a_{21} & a_{22} & \ldots & a_{2p} & \ldots & a_{2n} \\ \cdots & \cdots & \cdots & \cdots & \cdots & \cdots \\ a_{n1} & a_{n2} & \ldots & a_{np} & \ldots & a_{nn} \end{vmatrix} . \qquad (56)$$

Soll nun der Werth von x_p gefunden werden, so entnimmt man dem vorstehenden Schema die Unterdeterminanten der Colonne p, multiplicirt mit A_{1p} die erste, mit A_{2p} die zweite u. s. w. und endlich mit A_{np} die letzte Gleichung und addirt das ganze System. Man erhält:

$$(a_{11} A_{1p} + a_{21} A_{2p} + \ldots + a_{n1} A_{np}) x_1$$
$$+ (a_{12} A_{1p} + a_{22} A_{2p} + \ldots + a_{n2} A_{np}) x_2$$
$$\cdots \cdots \cdots \cdots \cdots \cdots \cdots$$
$$+ (a_{1p} A_{1p} + a_{2p} A_{2p} + \ldots + a_{np} A_{np}) x_p$$
$$\cdots \cdots \cdots \cdots \cdots \cdots \cdots$$
$$+ (a_{1n} A_{1p} + a_{2n} A_{2p} + \ldots + a_{nn} A_{np}) x_n$$
$$= (a_1 A_{1p} + a_2 A_{2p} + \ldots + a_n A_{np}).$$

Da nun die Coefficienten der einzelnen Unbekannten aus Produkten zusammengesetzt sind, die entstehen, wenn man in (56) die Elemente der einzelnen Colonnen mit den Unterdeterminanten multiplicirt, die zur Colonne p gehören, so müssen sie alle verschwinden bis auf den einzigen, in welchem die Elemente der Colonne p mit ihren eignen Unterdeterminanten multiplicirt sind. Es ist dies der Coefficient von x_p, und man findet:

$$x_p = \frac{a_1 A_{1p} + a_2 A_{2p} + \ldots + a_n A_{np}}{a_{1p} A_{1p} + a_{2p} A_{2p} + \ldots + a_{np} A_{np}}. \qquad (57)$$

Von dem Nenner wissen wir, dass er den Werth der Determinante aus den Coefficienten vorstellt. Der Zähler hat die Unterdeterminanten A_{1p}, A_{2p} … A_{np} mit dem Nenner gemein und weicht von diesem nur dadurch ab, dass die Constanten a_1, a_2, a_3 … a_n an die Stelle von a_{1p}, a_{2p}, a_{3p} … a_{np} getreten sind. Wir können desshalb der Lösung von x_p folgende Form geben:

$$x_p = \frac{\begin{vmatrix} a_{11} & a_{12} & \ldots & a_{1,p-1} & a_1 & a_{1,p+1} & \ldots & a_{1n} \\ a_{21} & a_{22} & \ldots & a_{2,p-1} & a_2 & a_{2,p+1} & \ldots & a_{2n} \\ \cdots & & & & & & & \cdot \\ a_{n1} & a_{n2} & \ldots & a_{n,p-1} & a_n & a_{n,p+1} & \ldots & a_{nn} \end{vmatrix}}{\begin{vmatrix} a_{11} & a_{12} & \ldots & a_{1,p-1} & a_{1p} & a_{1,p+1} & \ldots & a_{1n} \\ a_{21} & a_{22} & \ldots & a_{2,p-1} & a_{2p} & a_{2,p+1} & \ldots & a_{2n} \\ \cdots & & & & & & & \cdot \\ a_{n1} & a_{n2} & \ldots & a_{n,p-1} & a_{np} & a_{n,p+1} & \ldots & a_{nn} \end{vmatrix}}. \qquad (58)$$

Der Werth einer Unbekannten in einem nach
Schema (55) geordneten Systeme von Gleichungen
ersten Grades ist gleich einem Quotienten, dessen
Nenner die Determinante aus den Coefficienten des
Systems ist, und dessen Zähler aus dem Nenner dadurch hervorgeht, dass man in dem Schema desselben
an die Stelle der Coefficienten, welche der gesuchten
Unbekannten angehören, die Constanten α der rechten Seite setzt.

Die homogenen linearen Gleichungen. Das System (55)
wird homogen, wenn die Constanten α verschwinden, d. h. $\alpha_1 = 0$,
$\alpha_2 = 0 \ldots \ldots \alpha_n = 0$ wird. Man hat dann:

$$a_{11} x_1 + a_{12} x_2 + \ldots \ldots + a_{1n} x_n = 0$$
$$a_{21} x_1 + a_{22} x_2 + \ldots \ldots + a_{2n} x_n = 0$$
$$\ldots \ldots \ldots \ldots$$
$$a_{p1} x_1 + a_{p2} x_2 + \ldots \ldots + a_{pn} x_n = 0$$
$$\ldots \ldots \ldots \ldots$$
$$a_{n1} x_1 + a_{n2} x_2 + \ldots \ldots + a_{nn} x_n = 0.$$

Ein System von n homogenen Gleichungen zwischen eben so vielen
Unbekannten zeigt gewisse Eigenthümlichkeiten, die hier hervorgehoben werden sollen. Es sei $m_1, m_2, m_3 \ldots m_n$ ein System
von Werthen, welche die n homogenen Gleichungen befriedigen.
Multipliciren wir diese Lösungen mit dem beliebig gewählten Factor
λ, so entstehen neue Werthe $\lambda m_1, \lambda m_2, \lambda m_3 \ldots \lambda m_n$, die
unzählig viele verschiedene Werthsysteme vorstellen, je nach der
Wahl des Werthes λ. Es kann nun nachgewiesen werden, dass
jedes dieser Werthsysteme das System von homogenen Gleichungen
befriedigen muss, sobald vorausgesetzt werden darf, dass das erste
System $m_1, m_2 \ldots \ldots m_n$ den Gleichungen Genüge leistet.
Nehmen wir z. B. die p^{te} Gleichung heraus, so muss der Voraussetzung gemäss

$$a_{p1} m_1 + a_{p2} m_2 + a_{p3} m_3 + \ldots \ldots + a_{pn} m_n = 0$$

sein. Ist dies aber der Fall, so ist auch

$$a_{p1} \lambda m_1 + a_{p2} \lambda m_2 + a_{p3} \lambda m_3 + \ldots \ldots + a_{pn} \lambda m_n = 0.$$

Wie diese eine, so werden unter der bekannten Voraussetzung auch
alle übrigen Gleichungen durch das abgeleitete System befriedigt,
was zu beweisen war. Wir müssen es mithin als eine Eigenthüm-
lichkeit homogener Gleichungen ansehen, dass ein System von n
Gleichungen zwischen n Unbekannten nicht, wie es bei nicht homogenen Gleichungen der Fall ist, durch nur ein einziges, sondern

durch unzählig viele Werthsysteme befriedigt werden kann, deren Jedes aus einem unter ihnen dadurch nach und nach hervorgeht, dass man dessen Werthe sämmtlich mit einem gewissen Factor λ multiplicirt.

Diese Unbestimmtheit hinsichtlich der Lösungen eines homogenen Systems wird dadurch wieder beseitigt, dass wir durch eine der Unbekannten alle übrigen dividiren. Ist nämlich:

$$x_1 = \lambda\, m_1;\ \ x_2 = \lambda\, m_2;\ \ x_3 = \lambda\, m_3;\ \ldots\ x_n = \lambda\, m_n,$$

so ist:

$$\frac{x_1}{x_n} = \frac{m_1}{m_n};\ \ \frac{x_2}{x_n} = \frac{m_2}{m_n};\ \ \frac{x_3}{x_n} = \frac{m_3}{m_n};\ \ldots\ \frac{x_{n-1}}{x_n} = \frac{m_{n-1}}{m_n}, \quad (59)$$

und wir erkennen daraus, dass das Verhältniss der Unbekannten zu einer von ihnen nicht mehr von λ abhängt.

Dieser Umstand veranlasst uns, das vorgelegte homogene System in ein nicht mehr homogenes umzuwandeln, indem wir alle Unbekannten und damit auch die Gleichungen mit einer von ihnen dividiren und diese Quotienten als die Unbekannten des nicht mehr homogenen Systems ansehen. Dividiren wir alle Gleichungen durch x_n und setzen wir dann:

$$\frac{x_1}{x_n} = z_1;\ \ \frac{x_2}{x_n} = z_2;\ \ \frac{x_3}{x_n} = z_3;\ \ldots\ \frac{x_{n-1}}{x_n} = z_{n-1}. \quad (60)$$

so werden wir erhalten:

$$\begin{aligned}
&a_{11} z_1 + a_{12} z_2 + \ldots + a_{1,n-1} z_{n-1} + a_{1n} = 0\\
&a_{21} z_1 + a_{22} z_2 + \ldots + a_{2,n-1} z_{n-1} + a_{2n} = 0\\
&\cdots\cdots\cdots\cdots\cdots\cdots\cdots\cdots\\
&a_{n1} z_1 + a_{n2} z_2 + \ldots + a_{n,n-1} z_{n-1} + a_{nn} = 0.
\end{aligned} \quad (61)$$

Hierbei darf jedoch die Thatsache nicht übersehen werden, dass dieses System nur $(n-1)$ Unbekannten, mithin eine weniger als Gleichungen enthält. Weil nun diese Transformation auch in umgekehrter Weise ausführbar ist, da man ja die z in Quotienten der x, wie oben, umsetzen und dann die Gleichungen mit x_n multipliciren kann, so ist der nachfolgende Satz gerechtfertigt: Ein homogenes System von n linearen Gleichungen zwischen n Unbekannten kann immer in ein nicht homogenes System von n Gleichungen zwischen nur $(n-1)$ Unbekannten umgewandelt werden, und umgekehrt. Unter Berücksichtigung der Relationen (60) können beide Systeme einander vertreten.

Der Umstand, dass das System (61) eine Unbekannte weniger als Gleichungen enthält, führt uns zu einer Untersuchung zurück, mit der wir die Determinantenlehre eingeleitet haben. In §. 4 wurde nämlich an einzelnen Beispielen nachgewiesen, dass drei Gleichungen zwischen zwei, oder vier Gleichungen zwischen drei Unbekannten nur dann durch das nämliche System von Lösungen befriedigt werden können, wenn die Determinante ihrer Coefficienten verschwindet. Die Gleichungen (61) stellen uns wieder vor diese Aufgabe, nur in allgemeiner Form, indem wir es hier mit $(n-1)$ Unbekannten und n Gleichungen zu thun haben. Doch soll abermals von einem besonderen Falle ausgegangen werden:

$$
\begin{aligned}
a_{11}\,x_1 + a_{12}\,x_2 + a_{13}\,x_3 + a_{14}\,x_4 &= 0\\
a_{21}\,x_1 + a_{22}\,x_2 + a_{23}\,x_3 + a_{24}\,x_4 &= 0\\
a_{31}\,x_1 + a_{32}\,x_2 + a_{33}\,x_3 + a_{34}\,x_4 &= 0\\
a_{41}\,x_1 + a_{42}\,x_2 + a_{43}\,x_3 + a_{44}\,x_4 &= 0.
\end{aligned}
\qquad (62)
$$

Setzen wir $\dfrac{x_1}{x_4} = z_1$; $\dfrac{x_2}{x_4} = z_2$; $\dfrac{x_3}{x_4} = z_3$, so gehen diese Gleichungen über in:

$$
\begin{aligned}
a_{11}\,z_1 + a_{12}\,z_2 + a_{13}\,z_3 + a_{14} &= 0\\
a_{21}\,z_1 + a_{22}\,z_2 + a_{23}\,z_3 + a_{24} &= 0\\
a_{31}\,z_1 + a_{32}\,z_2 + a_{33}\,z_3 + a_{34} &= 0\\
a_{41}\,z_1 + a_{42}\,z_2 + a_{43}\,z_3 + a_{44} &= 0.
\end{aligned}
\qquad (63)
$$

Als Determinante des ganzen Systems haben wir zu setzen:

$$
\varDelta = \begin{vmatrix}
a_{11} & a_{12} & a_{13} & a_{14}\\
a_{21} & a_{22} & a_{23} & a_{24}\\
a_{31} & a_{32} & a_{33} & a_{34}\\
a_{41} & a_{42} & a_{43} & a_{44}
\end{vmatrix},
\qquad (64)
$$

und aus den drei ersten Gleichungen finden wir folgende Lösungen:

$$
z_1 = \frac{\begin{vmatrix}
-a_{14} & a_{12} & a_{13}\\
-a_{24} & a_{22} & a_{23}\\
-a_{34} & a_{32} & a_{33}
\end{vmatrix}}{\begin{vmatrix}
a_{11} & a_{12} & a_{13}\\
a_{21} & a_{22} & a_{23}\\
a_{31} & a_{32} & a_{33}
\end{vmatrix}}
= \frac{-\begin{vmatrix}
a_{12} & a_{13} & a_{14}\\
a_{22} & a_{23} & a_{24}\\
a_{32} & a_{33} & a_{34}
\end{vmatrix}}{A_{44}}
= \frac{A_{41}}{A_{44}}
$$

$$
z_2 = \frac{\begin{vmatrix}
a_{11} & -a_{14} & a_{13}\\
a_{21} & -a_{24} & a_{23}\\
a_{31} & -a_{34} & a_{33}
\end{vmatrix}}{A_{44}}
= \frac{\begin{vmatrix}
a_{11} & a_{13} & a_{14}\\
a_{21} & a_{23} & a_{24}\\
a_{31} & a_{33} & a_{34}
\end{vmatrix}}{A_{44}}
= \frac{A_{42}}{A_{44}}
$$

$$z_3 = \cfrac{\begin{vmatrix} a_{11} & a_{12} & -a_{14} \\ a_{21} & a_{22} & -a_{24} \\ a_{31} & a_{32} & -a_{34} \end{vmatrix}}{A_{44}} = -\cfrac{\begin{vmatrix} a_{11} & a_{12} & a_{14} \\ a_{21} & a_{22} & a_{24} \\ a_{31} & a_{32} & a_{34} \end{vmatrix}}{A_{44}} = \frac{A_{43}}{A_{44}}.$$

Es ist also:

$$\frac{x_1}{x_4} = z_1 = \frac{A_{41}}{A_{44}}; \quad \frac{x_2}{x_4} = z_2 = \frac{A_{42}}{A_{44}}; \quad \frac{x_3}{x_4} = z_3 = \frac{A_{43}}{A_{44}}; \quad \text{oder:}$$

$$x_1 : x_2 : x_3 : x_4 = A_{41} : A_{42} : A_{43} : A_{44}$$

Werden nun die gefundenen Lösungen z in die vierte Gleichung substituirt, so gewinnt man die folgende Relation:

$$a_{41} \frac{A_{41}}{A_{44}} + a_{42} \frac{A_{42}}{A_{44}} + a_{43} \frac{A_{43}}{A_{44}} + a_{44} = 0, \text{ oder:}$$

$$a_{41} A_{41} + a_{42} A_{42} + a_{43} A_{43} + a_{44} A_{44} = 0,$$

und da die linke Seite den Werth der Coefficientendeterminante (64) vorstellt, so wird die vierte Gleichung nur dann durch die aus den drei ersten hervorgegangenen Lösungen befriedigt, wenn die Determinante der Coefficienten verschwindet.

Dieser wichtige Satz soll auch allgemein bewiesen werden. Wir bedienen uns dazu des Systems (61), welches n Gleichungen zwischen $(n-1)$ Unbekannten enthält, und dessen Coefficientendeterminante in (56) aufgestellt wurde. Werden die Gleichungen der Reihe nach mit $A_{1n}, A_{2n}, A_{3n}, \ldots A_{nn}$ multiplicirt und dann addirt, so entsteht die Summe:

$$(a_{11} \quad A_{1n} + \quad a_{21} \quad A_{2n} + \ldots \ldots + \quad a_{n1} \quad A_{nn}) z_1$$
$$+ \quad (a_{12} \quad A_{1n} + \quad a_{22} \quad A_{2n} + \ldots \ldots + \quad a_{n2} \quad A_{nn}) z_2$$
$$+ \quad (a_{13} \quad A_{1n} + \quad a_{23} \quad A_{2n} + \ldots \ldots + \quad a_{n3} \quad A_{nn}) z_3$$
$$\ldots \ldots \ldots \ldots \ldots \ldots \ldots \ldots$$
$$+ \quad (a_{1,n-1} A_{1n} + a_{2,n-1} A_{2n} + \ldots \ldots + a_{n,n-1} A_{nn}) z_{n-1}$$
$$+ \quad (a_{1n} \quad A_{1n} + \quad a_{2n} \quad A_{2n} + \ldots \ldots + \quad a_{nn} \quad A_{nn}) = 0.$$

Nun sind die sämmtlichen Coefficienten der Unbekannten nach §. 10 gleich Null, und daraus folgt, dass auch das constante Glied $a_{1n} A_{1n} + a_{2n} A_{2n} \ldots + a_{nn} A_{nn}$ oder die Determinante der Coefficienten verschwinden muss. Hiernach kann ein nicht homogenes System von n linearen Gleichungen zwischen $(n-1)$ Unbekannten und von der Form (61), oder in homogenes System von n Gleichungen zwischen n

4*

Unbekannten und von der Form (Pag. 48) nur dann
durch das nämliche System von Werthen befriedigt
werden, wenn im ersteren die Determinanten der
Coefficienten und Constanten, im letzteren die Determinante der Coefficienten verschwindet.

Dieser Satz lässt sich auch umkehren und heisst dann so:
Wenn eine Determinante vom n^{ten} Grade verschwindet,
so kann aus ihren Elementen ein System von n nicht
homogenen linearen Gleichungen zwischen $(n-1)$ Unbekannten, oder von n homogenen Gleichungen zwischen n Unbekannten aufgestellt werden, welchen
das nämliche System von Lösungen genügt. Denkt man
sich nämlich aus den $(n-1)$ ersten Reihen der Determinante (56)
$(n-1)$ Gleichungen zwischen dem Unbekannten z_1, z_2 bis z_{n-1} an-
gesetzt, so findet man deren Lösungen unter der Form:

$$z_1 = \frac{A_{n1}}{A_{nn}}; \ z_2 = \frac{A_{n2}}{A_{nn}}; \ \ldots \ z_{n-1} = \frac{A_{n,\,n-1}}{A_{nn}},$$

worin die Unterdeterminanten aus (56) stammen. Werden nun
auch noch die Elemente der letzten Reihe zur Aufstellung einer
weiteren Gleichung:

$$a_{n1} z_1 + a_{n2} z_2 + \ldots a_{n,\,n-1} z_{n-1} + a_{nn} = 0$$

benutzt, so ist zu beweisen, dass die gefundenen Lösungen z auch
diese Gleichung unter der Voraussetzung befriedigen, dass die
Determinante (56) gleich Null ist. Zu dem Zweck substituiren
wir die z in die letzte Gleichung und finden die Bedingung:

$$a_{n1} \frac{A_{n1}}{A_{nn}} + a_{n2} \frac{A_{n2}}{A_{nn}} + \ldots + a_{n,\,n-1} \frac{A_{n,\,n-1}}{A_{nn}} + a_{nn} = 0.$$

Diese Bedingung ist aber erfüllt, wenn $\varDelta = 0$ ist; denn in der
That ist ja nach der Voraussetzung:

$$\varDelta = a_{n1} A_{n1} + a_{n2} A_{n2} + \ldots + a_{nn} A_{nn} = 0.$$

Im Anschluss an diese Sätze kann die Auflösungsformel für
ein nicht homogenes System von $(n-1)$ Gleichungen zwischen eben
so vielen Unbekannten in anderer Art, als dies oben geschah, entwickelt werden. Es möge das folgende System gegeben sein:

$$\begin{aligned}
a_{11} x_1 + a_{12} x_2 + \ldots + a_{1,n-1} x_{n-1} + a_{1n} &= 0 \\
a_{21} x_1 + a_{22} x_2 + \ldots + a_{2,n-1} x_{n-1} + a_{2n} &= 0 \\
\cdots \cdots \cdots \cdots \cdots \cdots \cdots \cdots \\
a_{n-1,1} x_1 + a_{n-1,2} x_2 + \ldots + a_{n-1,n-1} x_{n-1} + a_{n-1,n} &= 0,
\end{aligned} \quad (64)$$

worin die Anzahl der Unbekannten und Gleichungen die nämliche
ist. Wir fügen diesen $(n-1)$ Gleichungen noch eine weitere
zwischen den nämlichen Unbekannten, jedoch mit vor der Hand
noch unbestimmten Coefficienten hinzu:

$$a_{n1} x_1 + a_{n2} x_2 + \ldots\ldots + a_{n,\,n-1} x_{n-1} + a_{nn} = 0 \quad (65)$$

und haben jetzt eine Gleichung mehr als Unbekannte. Sollen
die Lösungen des Systems (64) auch die Gleichung (65) erfüllen,
so dürfen deren Coefficienten nicht mehr ganz beliebig, sondern
sie müssen so gewählt sein, dass die Determinante der n Gleichungen (64) und (65) verschwindet, oder dass

$$a_{n1} A_{n1} + a_{n2} A_{n2} + \ldots\ldots + a_{nn} A_{nn} = 0. \quad (66)$$

In dieser Gleichung sind die Unterdeterminanten aus den Constanten der Gleichungen (64) zusammengesetzt, also gegebene
Grössen, während dagegen die Coefficienten a_{n1}, a_{n2} ..... a_{nn}
noch unbestimmt angenommen wurden. Da sie aber nur der einzigen Bedingung (66) entsprechen müssen, so können sie, mit Aus-
nahme eines einzigen, beliebig gewählt werden. Wir dürfen mit-
hin a_{n1}, a_{n2}, a_{n3} .... $a_{n,\,n-1}$ als willkürliche und nur a_{nn} als
abhängige Grössen ansehen. Wird die Bedingungsgleichung (66)
durch A_{nn} dividirt und dann von (65) abgezogen, so entsteht:

$$a_{n1}\left(x_1 - \frac{A_{n1}}{A_{nn}}\right) + a_{n2}\left(x_2 - \frac{A_{n2}}{A_{nn}}\right) + a_{n3}\left(x_3 - \frac{A_{n3}}{A_{nn}}\right)$$
$$+ \ldots\ldots\ldots a_{n,\,n-1}\left(x_{n-1} - \frac{A_{n,\,n-1}}{A_{nn}}\right) = 0.$$

Da die Werthe a_{n1}, a_{n2} ..... $a_{n,\,n-1}$ willkürlich sind, so kann
diese Gleichung nur dadurch erfüllt werden, dass alle zweiten
Factoren verschwinden, d. h., dass die x so gewählt werden, dass

$$x_1 - \frac{A_{n1}}{A_{nn}} = 0;\ x_2 - \frac{A_{n2}}{A_{nn}} = 0;\ x_3 - \frac{A_{n3}}{A_{nn}} = 0; \ldots x_{n-1} - \frac{A_{n,\,n-1}}{A_{nn}} = 0.$$

Daraus ergeben sich für die Unbekannten folgende Werthe:

$$x_1 = \frac{A_{n1}}{A_{nn}};\ x_2 = \frac{A_{n2}}{A_{nn}};\ x_3 = \frac{A_{n3}}{A_{nn}}; \ldots\ldots x_{n-1} = \frac{A_{n,\,n-1}}{A_{nn}}. \quad (67)$$

Die Unterdeterminanten, deren Quotienten diese Lösungen bilden,
können sämmtlich aus den Gleichungen (64) berechnet werden,
weil dieselben von den Coefficienten der Gleichung (65) nicht abhängen. Will man sich überzeugen, dass diese Lösungen mit
denen unter (58) übereinstimmen, so muss man dort die Gleichungen auf Null bringen und die a zur letzten Colonne transformiren.

Setzt man in den Gleichungen (64) an die Stelle von x_i wieder $z_i : z_n$, so geht das System in ein homogenes über, welches heisst:

$$
\begin{aligned}
a_{11}\, z_1 + a_{12}\, z_2 + \ldots\ldots + a_{1n}\, z_n &= 0 \\
a_{21}\, z_1 + a_{22}\, z_2 + \ldots\ldots + a_{2n}\, z_n &= 0 \qquad (68) \\
&\cdots \cdots \cdots \cdots \\
a_{n-1,1}\, z_1 + a_{n-1,2}\, z_2 + \ldots\ldots + a_{n-1,n}\, z_n &= 0.
\end{aligned}
$$

Wie uns die Gleichungen (67) zeigen, verhalten sich die z wie die Unterdeterminanten der letzten Reihe der Determinante n^{ten} Grades, die entsteht, wenn man den $(n-1)$ Reihen der gegebenen Gleichungen noch eine weitere als n^{te} Reihe zufügt. Dieselbe heisst alsdann:

$$
\begin{vmatrix}
a_{11} & a_{12} & \ldots\ldots & a_{1n} \\
a_{21} & a_{22} & \ldots\ldots & a_{2n} \\
\cdots & \cdots & \cdots & \cdots \\
a_{n-1,1} & a_{n-1,2} & \ldots & a_{n-1,n} \\
a_{n1} & a_{n2} & \ldots\ldots & a_{nn}
\end{vmatrix}
$$

Werden die zur letzten Reihe gehörigen Unterdeterminanten durch $A_{n1}, A_{n2}, \ldots A_{nn}$ bezeichnet, so ergeben sich die folgenden Verhältnisse:

$$ z_1 : z_2 : z_3 \ldots : z_n = A_{n1} : A_{n2} : A_{n3} \ldots : A_{nn}. $$

Für die beiden Gleichungen:

$$ a_{11}\, x + a_{12}\, y + a_{13}\, z = 0 ; \quad a_{21}\, x + a_{22}\, y + a_{23}\, z = 0, $$

erhalten wir die Determinante:

$$
\begin{vmatrix}
a_{11} & a_{12} & a_{13} \\
a_{21} & a_{22} & a_{23} \\
a_{31} & a_{32} & a_{33}
\end{vmatrix}
$$

und die Verhältnisse:

$$ x : y : z = (a_{12}\, a_{23} - a_{22}\, a_{13}) : (-a_{11}\, a_{23} + a_{13}\, a_{21}) : (a_{11}\, a_{22} - a_{12}\, a_{21}). $$

Beispiel. Sollen die drei Gleichungen: $x + y + z - 3 = 0$; $2x + 4y + 8z - 13 = 0$; $3x + 9y + 27z - 34 = 0$ aufgelöst werden, so nehmen wir die vierte Gleichung $a_{41}\, x + a_{42}\, y + a_{43}\, z + a_{44} = 0$ hinzu und setzen folgende Determinante an:

$$
\begin{vmatrix}
1 & 1 & 1 & -3 \\
2 & 4 & 8 & -13 \\
3 & 9 & 27 & -34 \\
a_{41} & a_{42} & a_{43} & a_{44}
\end{vmatrix}
$$

Die entsprechenden Unterdeterminanten sind: $A_{41} = 10$; $A_{42} = 18$; $A_{43} = 8$; $A_{44} = 12$. und daraus finden wir:

$$x = \frac{A_{41}}{A_{44}} = \frac{5}{6}; \quad y = \frac{A_{42}}{A_{44}} = \frac{3}{2}; \quad z = \frac{A_{43}}{A_{44}} = \frac{2}{3}.$$

§. 15. Produkt zweier Determinanten.

Das Produkt aus zwei Determinanten von gleichem Grade. wenn dieselben in schematischer Form gegeben sind, wieder durch eine solche auszudrücken.

Bei der Ableitung der hier in Betracht kommenden Formeln gehen wir in umgekehrter Weise zu Werke. als die gestellte Aufgabe es verlangt, indem wir eine nach bestimmten Regeln zusammengesetzte Determinante als ein Produkt ansehen und in Factoren zerlegen. Zur Herstellung einer solchen dienen uns wieder die beiden Gleichungen:

$$\begin{aligned} a_1 x + a_2 y &= m \\ b_1 x + b_2 y &= n \end{aligned} \tag{69}$$

die wir zunächst in der Weise transformiren. dass wir setzen:

$$\begin{aligned} x &= \alpha_1 \xi + \alpha_2 \eta \\ y &= \beta_1 \xi + \beta_2 \eta \end{aligned} \tag{70}$$

wodurch wir erhalten:

$$\begin{aligned} (a_1 \alpha_1 + a_2 \beta_1) \xi + (a_1 \alpha_2 + a_2 \beta_2) \eta &= m \\ (b_1 \alpha_1 + b_2 \beta_1) \xi + (b_1 \alpha_2 + b_2 \beta_2) \eta &= n. \end{aligned} \tag{71}$$

Dass die Lösungen von (71) durch Vermittlung von (70) solche Werthe für x und y bestimmen, welche auch (69) befriedigen, kommt hier nicht in Betracht: dagegen unterziehen wir die Determinanten aus den Coefficienten dieser drei Systeme einer weiteren Untersuchung. Sie heissen:

$$A = \begin{vmatrix} a_1 & a_2 \\ b_1 & b_2 \end{vmatrix}; \qquad B = \begin{vmatrix} \alpha_1 & \alpha_2 \\ \beta_1 & \beta_2 \end{vmatrix};$$

$$C = \begin{matrix} & 1 & 2 \\ & (a_1 \alpha_1 + a_2 \beta_1) & (a_1 \alpha_2 + a_2 \beta_2) \\ & (b_1 \alpha_1 + b_2 \beta_1) & (b_1 \alpha_2 + b_2 \beta_2) \end{matrix}$$

Nach den Formeln in §. 11 zerfällt C zuerst in die folgenden zwei Theile:

$$J_{1,\,(1+2)} = \begin{vmatrix} \overset{1}{a_1\,\alpha_1} & \overset{2}{(a_1\,\alpha_2 + a_2\,\beta_2)} \\ b_1\,\alpha_1 & (b_1\,\alpha_2 + b_2\,\beta_2) \end{vmatrix},$$

$$J_{2,\,(1+2)} = \begin{vmatrix} \overset{2}{a_2\,\beta_1} & \overset{2}{(a_1\,\alpha_2 + a_2\,\beta_2)} \\ b_2\,\beta_1 & (b_1\,\alpha_2 + b_2\,\beta_2) \end{vmatrix}.$$

Durch Zerlegung der zweiten Colonne zerfällt jede dieser beiden Determinanten wieder in zwei, und zwar $J_{1,\,(1+2)}$ in $J_{11} + J_{12}$, und $J_{2,\,(1+2)}$ in $J_{21} + J_{22}$, wenn ist:

$$J_{11} = \begin{vmatrix} \overset{1}{a_1\,\alpha_1} & \overset{1}{a_1\,\alpha_2} \\ b_1\,\alpha_1 & b_1\,\alpha_2 \end{vmatrix}; \quad J_{12} = \begin{vmatrix} \overset{1}{a_1\,\alpha_1} & \overset{2}{a_2\,\beta_2} \\ b_1\,\alpha_1 & b_2\,\beta_2 \end{vmatrix};$$

$$J_{21} = \begin{vmatrix} \overset{2}{a_2\,\beta_1} & \overset{1}{a_1\,\alpha_2} \\ b_2\,\beta_1 & b_1\,\alpha_2 \end{vmatrix}; \quad J_{22} = \begin{vmatrix} \overset{2}{a_2\,\beta_1} & \overset{2}{a_2\,\beta_2} \\ b_2\,\beta_1 & b_2\,\beta_2 \end{vmatrix}.$$

Weiter ist nun:

$$J_{11} = \begin{vmatrix} a_1 & a_1 \\ b_1 & b_1 \end{vmatrix} \alpha_1\,\alpha_2 = 0; \quad J_{12} = \alpha_1\,\beta_2 \begin{vmatrix} a_1 & a_2 \\ b_1 & b_2 \end{vmatrix};$$

$$J_{21} = -\alpha_2\,\beta_1 \begin{vmatrix} a_1 & a_2 \\ b_1 & b_2 \end{vmatrix}; \quad J_{22} = \beta_1\,\beta_2 \begin{vmatrix} a_2 & a_2 \\ b_2 & b_2 \end{vmatrix} = 0.$$

Da C gleich der Summe dieser vier Determinanten ist, so dürfen wir setzen:

$$C = (\alpha_1\,\beta_2 - \alpha_2\,\beta_1) \times \begin{vmatrix} a_1 & a_2 \\ b_1 & b_2 \end{vmatrix} = \begin{vmatrix} \alpha_1 & \alpha_2 \\ \beta_1 & \beta_2 \end{vmatrix} \times \begin{vmatrix} a_1 & a_2 \\ b_1 & b_2 \end{vmatrix},$$

oder $C = A \times B$. Geben wir dieser Relation die geeignete Form, so heisst sie:

$$\begin{vmatrix} a_1 & b_1 \\ a_2 & b_2 \end{vmatrix} \cdot \begin{vmatrix} \alpha_1 & \alpha_2 \\ \beta_1 & \beta_2 \end{vmatrix} = \begin{vmatrix} (a_1\,\alpha_1 + a_2\,\beta_1) & (a_1\,\alpha_2 + a_2\,\beta_2) \\ (b_1\,\alpha_1 + b_2\,\beta_1) & (b_1\,\alpha_2 + b_2\,\beta_2) \end{vmatrix}. \quad (72)$$

Werden in dem System:

$$a_1\,x_1 + a_2\,x_2 + a_3\,x_3 = m$$
$$b_1\,x_1 + b_2\,x_2 + b_3\,x_3 = n \qquad (73)$$
$$c_1\,x_1 + c_2\,x_2 + c_3\,x_3 = p$$

ähnliche Substitutionen vollzogen, indem man setzt:

$$x_1 = \alpha_1\,z_1 + \alpha_2\,z_2 + \alpha_3\,z_3$$
$$x_2 = \beta_1\,z_1 + \beta_2\,z_2 + \beta_3\,z_3 \qquad (74)$$
$$x_3 = \gamma_1\,z_1 + \gamma_2\,z_2 + \gamma_3\,z_3,$$

so erhält man folgende neue Gleichungen:

$$(a_1 \alpha_1 + a_2 \beta_1 + a_3 \gamma_1) z_1 + (a_1 \alpha_2 + a_2 \beta_2 + a_3 \gamma_2) z_2$$
$$+ (a_1 \alpha_3 + a_2 \beta_3 + a_3 \gamma_3) z_3 = m.$$

$$(b_1 \alpha_1 + b_2 \beta_1 + b_3 \gamma_1) z_1 + (b_1 \alpha_2 + b_2 \beta_2 + b_3 \gamma_2) z_2$$
$$+ (b_1 \alpha_3 + b_2 \beta_3 + b_3 \gamma_3) z_3 = n. \qquad (75)$$

$$(c_1 \alpha_1 + c_2 \beta_1 + c_3 \gamma_1) z_1 + (c_1 \alpha_2 + c_2 \beta_2 + c_3 \gamma_2) z_2$$
$$+ (c_1 \alpha_3 + c_2 \beta_3 + c_3 \gamma_3) z_3 = p.$$

Folgende drei Determinanten entsprechen diesen Systemen:

$$A = \begin{vmatrix} a_1 & a_2 & a_3 \\ b_1 & b_2 & b_3 \\ c_1 & c_2 & c_3 \end{vmatrix}; \qquad B = \begin{vmatrix} \alpha_1 & \alpha_2 & \alpha_3 \\ \beta_1 & \beta_2 & \beta_3 \\ \gamma_1 & \gamma_2 & \gamma_3 \end{vmatrix};$$

$$C = \begin{vmatrix} \overset{1}{(a_1\alpha_1} + a_2\beta_1 + a_3\gamma_1). & \overset{2}{(a_1\alpha_2} + a_2\beta_2 + a_3\gamma_2). & \overset{3}{(a_1\alpha_3} + a_2\beta_3 + a_3\gamma_3) \\ \overset{1}{(b_1\alpha_1} + b_2\beta_1 + b_3\gamma_1). & \overset{2}{(b_1\alpha_2} + b_2\beta_2 + b_3\gamma_2). & \overset{3}{(b_1\alpha_3} + b_2\beta_3 + b_3\gamma_3) \\ \overset{1}{(c_1\alpha_1} + c_2\beta_1 + c_3\gamma_1). & \overset{2}{(c_1\alpha_2} + c_2\beta_2 + c_3\gamma_2). & \overset{3}{(c_1\alpha_3} + c_2\beta_3 + c_3\gamma_3) \end{vmatrix}$$

Die Colonnen von C sind dreitheilig. Wird zunächst nur die erste Colonne in ihre Theile zerlegt, indem man die beiden anderen unverändert beibehält, so zerfällt C in drei Theile, die symbolisch so bezeichnet werden können:

$$C = \varDelta_{1,(1+2+3),(1+2+3)} + \varDelta_{2,(1+2+3),(1+2+3)} + \varDelta_{3,(1+2+3),(1+2+3)}.$$

Zur Erläuterung lassen wir das Schema eines von diesen Symbolen folgen:

$$\varDelta_{1,(1+2+3),(1+2+3)} = \begin{vmatrix} \overset{1}{a_1\alpha_1}, & \overset{1}{(a_1\alpha_2} + \overset{2}{a_2\beta_2} + a_3\gamma_2), & \overset{3}{(a_1\alpha_3} + a_2\beta_3 + a_3\gamma_3) \\ b_1\alpha_1, & (b_1\alpha_2 + b_2\beta_2 + b_3\gamma_2), & (b_1\alpha_3 + b_2\beta_3 + b_3\gamma_3) \\ c_1\alpha_1, & (c_1\alpha_2 + c_2\beta_2 + c_3\gamma_2), & (c_1\alpha_3 + c_2\beta_3 + c_3\gamma_3) \end{vmatrix}$$

Diese und die beiden anderen Determinanten zerfallen durch Zerlegung nach den Theilen der zweiten Colonne wieder in je drei Determinanten, die wir so bezeichnen müssen:

$$\varDelta_{1,(1+2+3),(1+2+3)} = \varDelta_{1,1,(1+2+3)} + \varDelta_{1,2,(1+2+3)} + \varDelta_{1,3,(1+2+3)}.$$

$$\varDelta_{2,(1+2+3),(1+2+3)} = \varDelta_{2,1,(1+2+3)} + \varDelta_{2,2,(1+2+3)} + \varDelta_{2,3,(1+2+3)}.$$

$$\varDelta_{3,(1+2+3),(1+2+3)} = \varDelta_{3,1,(1+2+3)} + \varDelta_{3,2,(1+2+3)} + \varDelta_{3,3,(1+2+3)}.$$

Jede dieser neun Determinanten ist zusammengesetzt aus einem Theil der ersten, einem Theil der zweiten und der ganzen dritten Colonne, wie beispielsweise die folgende:

$$J_{3,1,(1+2+3)} = \begin{vmatrix} a_3\gamma_1, & a_1\alpha_2, & (a_1\alpha_3 + a_2\beta_3 + a_3\gamma_3) \\ b_3\gamma_1, & b_1\alpha_2, & (b_1\alpha_3 + b_2\beta_3 + b_3\gamma_3) \\ c_3\gamma_1, & c_1\alpha_2, & (c_1\alpha_3 + c_2\beta_3 + c_3\gamma_3) \end{vmatrix}$$

Wird nach denselben Principien abermals in jeder von diesen neun Determinanten die dritte Colonne zerlegt, so zerfällt jede wieder in drei, die ganze Determinante C mithin in 27 einfache Determinanten, die wir hier folgen lassen:

$$J_{1,1,(1+2+3)} = J_{111} + J_{112} + J_{113}$$
$$J_{1,2,(1+2+3)} = J_{121} + J_{122} + J_{123}$$
$$J_{1,3,(1+2+3)} = J_{131} + J_{132} + J_{133}$$
$$J_{2,1,(1+2+3)} = J_{211} + J_{212} + J_{213}$$
$$J_{2,2,(1+2+3)} = J_{221} + J_{222} + J_{223}$$
$$J_{2,3,(1+2+3)} = J_{231} + J_{232} + J_{233}$$
$$J_{3,1,(1+2+2)} = J_{311} + J_{312} + J_{313}$$
$$J_{3,2,(1+2+3)} = J_{321} + J_{322} + J_{323}$$
$$J_{3,3,(1+2+3)} = J_{331} + J_{332} + J_{333}$$

Es kann keine Schwierigkeiten bieten, die Schemata, welche diesen Symbolen entsprechen, aus dem Schema von C zu entnehmen, indem die drei Indices diejenigen Theile der drei Colonnen genau bezeichnen, welche in jedem Aufnahme finden sollen. So ist z. B.:

$$J_{111} = \begin{vmatrix} a_1\alpha_1 & a_1\alpha_2 & a_1\alpha_3 \\ b_1\alpha_1 & b_1\alpha_2 & b_1\alpha_3 \\ c_1\alpha_1 & c_1\alpha_2 & c_1\alpha_3 \end{vmatrix}; \quad J_{121} = \begin{vmatrix} a_1\alpha_1 & a_2\beta_2 & a_1\alpha_3 \\ b_1\alpha_1 & b_2\beta_2 & b_1\alpha_3 \\ c_1\alpha_1 & c_2\beta_2 & c_1\alpha_3 \end{vmatrix};$$

$$J_{123} = \begin{vmatrix} a_1\alpha_1 & a_2\beta_2 & a_3\gamma_3 \\ b_1\alpha_1 & b_2\beta_2 & b_3\gamma_3 \\ c_1\alpha_1 & c_2\beta_2 & c_3\gamma_3 \end{vmatrix}; \quad J_{213} = \begin{vmatrix} a_2\beta_1 & a_1\alpha_2 & a_3\gamma_3 \\ b_2\beta_1 & b_1\alpha_2 & b_3\gamma_3 \\ c_2\beta_1 & c_1\alpha_2 & c_3\gamma_3 \end{vmatrix}$$

u. s. w.

Jedes Element dieser Determinanten ist das Produkt aus zwei anderen Elementen, von denen das eine aus A, das andere aus B stammt. Ebenso übersieht man sofort, dass in den einzelnen Colonnen die α, β, γ als gemeinschaftliche Factoren auftreten und ausgeschieden werden können. Geschieht dies, so verschwinden alle, in deren Symbol zwei oder gar drei gleiche Indices vorkommen, weil dann nach Abscheidung der gemeinsamen Factoren zwei oder drei Colonnen gleich werden müssen. So ist z. B.:

$$J_{122} = \alpha_1 \beta_2 \beta_3 \begin{vmatrix} a_1 & a_2 & a_2 \\ b_1 & b_2 & b_2 \\ c_1 & c_2 & c_2 \end{vmatrix} = 0; \quad J_{333} = \gamma_1 \gamma_2 \gamma_3 \begin{vmatrix} a_3 & a_3 & a_3 \\ b_3 & b_3 & b_3 \\ c_3 & c_3 & c_3 \end{vmatrix} = 0.$$

Hiernach bleiben nur diejenigen sechs Determinanten zurück, deren Indices alle verschieden sind, und welche heissen:

$$J_{123} = \begin{vmatrix} a_1 \alpha_1 & a_2 \beta_2 & a_3 \gamma_3 \\ b_1 \alpha_1 & b_2 \beta_2 & b_3 \gamma_3 \\ c_1 \alpha_1 & c_2 \beta_2 & c_3 \gamma_3 \end{vmatrix} = \alpha_1 \beta_2 \gamma_3 \begin{vmatrix} a_1 & a_2 & a_3 \\ b_1 & b_2 & b_3 \\ c_1 & c_2 & c_3 \end{vmatrix} = \alpha_1 \beta_2 \gamma_3 . A.$$

$$J_{132} = \begin{vmatrix} a_1 \alpha_1 & a_3 \gamma_2 & a_2 \beta_3 \\ b_1 \alpha_1 & b_3 \gamma_2 & b_2 \beta_3 \\ c_1 \alpha_1 & c_3 \gamma_2 & c_2 \beta_3 \end{vmatrix} = -\alpha_1 \beta_3 \gamma_2 \begin{vmatrix} a_1 & a_2 & a_3 \\ b_1 & b_2 & b_3 \\ c_1 & c_2 & c_3 \end{vmatrix} = -\alpha_1 \beta_3 \gamma_2 . A.$$

Ebenso finden wir weiter: $J_{213} = -\alpha_2 \beta_1 \gamma_3 A$; $J_{231} = \alpha_3 \beta_1 \gamma_2 A$: $J_{312} = \alpha_2 \beta_3 \gamma_1 A$: $J_{321} = -\alpha_3 \beta_2 \gamma_1 A$.

Diese sechs Determinanten sind das Resultat der Zerlegung von C, und desswegen muss ihre Summe wieder gleich C sein.

$$C = [\alpha_1 \beta_2 \gamma_3 - \alpha_1 \beta_3 \gamma_2 - \alpha_2 \beta_1 \gamma_3 + \alpha_2 \beta_3 \gamma_1 + \alpha_3 \beta_1 \gamma_2 - \alpha_3 \beta_2 \gamma_1] . A.$$

oder, weil die Klammer die Entwickelung von B vorstellt, $C = A . B$. Damit man aber leicht übersehen könne, wie sich das Schema des Produktes aus seinen Factoren ableiten lässt, stellen wir das Ganze nochmals zusammen.

$$\begin{vmatrix} a_1 & b_1 & c_1 \\ a_2 & b_2 & c_2 \\ a_3 & b_3 & c_3 \end{vmatrix} \cdot \begin{vmatrix} \alpha_1 & \alpha_2 & \alpha_3 \\ \beta_1 & \beta_2 & \beta_3 \\ \gamma_1 & \gamma_2 & \gamma_3 \end{vmatrix} = \qquad (76)$$

$$\begin{vmatrix} (a_1 \alpha_1 + a_2 \beta_1 + a_3 \gamma_1), & (a_1 \alpha_2 + a_2 \beta_2 + a_3 \gamma_2), & (a_1 \alpha_3 + a_2 \beta_3 + a_3 \gamma_3) \\ (b_1 \alpha_1 + b_2 \beta_1 + b_3 \gamma_1), & (b_1 \alpha_2 + b_2 \beta_2 + b_3 \gamma_2), & (b_1 \alpha_3 + b_2 \beta_3 + b_3 \gamma_3) \\ (c_1 \alpha_1 + c_2 \beta_1 + c_3 \gamma_1), & (c_1 \alpha_2 + c_2 \beta_2 + c_3 \gamma_2), & (c_1 \alpha_3 + c_2 \beta_3 + c_3 \gamma_3) \end{vmatrix}.$$

Zweite Ableitungsart der Multiplicationsformel. Aus dem System (74) erhalten wir für irgend eine der Unbekannten z die Lösungen nach (58) und finden z. B. für z_1 den folgenden Werth:

$$z_1 = \begin{vmatrix} x_1 & a_2 & a_3 \\ x_2 & \beta_2 & \beta_3 \\ x_3 & \gamma_2 & \gamma_3 \end{vmatrix} : \begin{vmatrix} a_1 & a_2 & a_3 \\ \beta_1 & \beta_2 & \beta_3 \\ \gamma_1 & \gamma_2 & \gamma_3 \end{vmatrix} = \frac{d z_1}{d}$$

wenn unter d die Determinante $(\alpha_1 \beta_2 \gamma_3)$ zu verstehen ist. Zur Entwickelung von $J z_1$ bedarf es der Werthe $x_1 . x_2 . x_3$, welche wieder aus dem System (73) zu erhalten sind. Wir wollen

$$x_1 = \frac{J x_1}{J}, \quad x_2 = \frac{J x_2}{J}, \quad x_3 = \frac{J x_3}{J}$$

setzen, und erhalten dann für $d z_1$ den folgenden Ausdruck:

$$dz_1 = \begin{vmatrix} \dfrac{\Delta x_1}{\Delta} & \alpha_2 & \alpha_3 \\[6pt] \dfrac{\Delta x_2}{\Delta} & \beta_2 & \beta_3 \\[6pt] \dfrac{\Delta x_3}{\Delta} & \gamma_2 & \gamma_3 \end{vmatrix} = \frac{1}{\Delta}\begin{vmatrix} \Delta x_1 & \alpha_2 & \alpha_3 \\ \Delta x_2 & \beta_2 & \beta_3 \\ \Delta x_3 & \gamma_2 & \gamma_3 \end{vmatrix} = \frac{\Delta}{\Delta}$$

wenn unter Δ die Determinante $(a_1\, b_2\, c_3)$ verstanden wird. Für
z_1 selbst gestaltet sich jetzt der Werth wie folgt: $z_1 = \dfrac{\Delta}{\Delta \cdot d}$
Werden nun aus (74) die Werthe der x in (73) substituirt, so geht
das letzte System über in das System (75), aus welchem der Werth
für z_1 direct abgeleitet werden kann. Bezeichnen wir die Coeffi-
cienten-Determinante dieses Systems durch D, so ist dieselbe der
Nenner der Lösung für z_1. Dieser Nenner ist aber auch schon
unter der Form $\Delta \cdot d$ gefunden, und wir ziehen daraus den Schluss*),
dass $\Delta \cdot d = D$ sei. Werden endlich für D, Δ und d die betreffenden Determinanten gesetzt, so geht daraus die Formel (76) hervor.

Dritte Ableitungsweise der Multiplicationsformel.

Es ist nicht schwer, nach dem Muster (76) das Schema des
Produktes auch dann noch zusammenzustellen, wenn die Factoren
höher als vom dritten Grade sind; dagegen nimmt die Anzahl
der Determinanten, in welche das Produkt des Beweises wegen
zerlegt werden muss, mit wachsendem Grade unverhältnissmässig
zu, und damit auch die Schwierigkeit der Ausführung. Daher
sehen wir uns nach einer anderen Methode zur Erweiterung der
obigen Formel um, die zugleich noch den Vorzug hat, dass das
Produkt direct aus den Factoren gebildet, und nicht, wie bisher,
fertig angenommen und in Factoren zerlegt wird. Zu dem Ende
untersuchen wir einmal den Werth des folgenden Schemas:

$$\Delta = \begin{vmatrix} a_1 & a_2 & 0 & 0 \\ b_1 & b_2 & 0 & 0 \\ -1 & 0 & \alpha_1 & \beta_1 \\ 0 & -1 & \alpha_2 & \beta_2 \end{vmatrix} \tag{77}$$

Wird dasselbe nach den Regeln von §. 13 und speciell nach
Formel (44) zerlegt, so erhält man:

$$\Delta = \begin{vmatrix} a_1 & a_2 \\ b_1 & b_2 \end{vmatrix} \cdot \begin{vmatrix} \alpha_1 & \beta_1 \\ \alpha_2 & \beta_2 \end{vmatrix} - \begin{vmatrix} a_1 & 0 \\ b_1 & 0 \end{vmatrix} \cdot \begin{vmatrix} 0 & \beta_1 \\ -1 & \beta_2 \end{vmatrix} + \begin{vmatrix} a_1 & 0 \\ b_1 & 0 \end{vmatrix} \cdot \begin{vmatrix} 0 & \alpha_1 \\ -1 & \alpha_2 \end{vmatrix}$$

$$+ \begin{vmatrix} a_2 & 0 \\ b_2 & 0 \end{vmatrix} \cdot \begin{vmatrix} -1 & \beta_1 \\ 0 & \beta_2 \end{vmatrix} - \begin{vmatrix} a_2 & 0 \\ b_2 & 0 \end{vmatrix} \cdot \begin{vmatrix} -1 & \alpha_1 \\ 0 & \alpha_2 \end{vmatrix} + \begin{vmatrix} 0 & 0 \\ 0 & 0 \end{vmatrix} \cdot \begin{vmatrix} -1 & 0 \\ 0 & -1 \end{vmatrix},$$

---

*) Zwar folgt, genau genommen, aus der Gleichheit zweier Brüche noch
nicht die von Zähler und Nenner einzeln. Doch ist die Lücke, welche der
obige Beweis hiermit lässt, leicht auszufüllen.

und findet endlich:

$$ J = \begin{vmatrix} a_1 & a_2 \\ b_1 & b_2 \end{vmatrix} \cdot \begin{vmatrix} \alpha_1 & \beta_1 \\ \alpha_2 & \beta_2 \end{vmatrix} $$

weil die übrigen Theile sämmtlich verschwinden. Um nun noch einen anderen Werth für J zu finden, transformiren wir (77) in folgender Weise: Wir addiren zuerst die a_1 fache dritte und a_2 fache vierte Reihe zur ersten, und wenn dies geschehen ist, die b_1 fache dritte und b_2 fache vierte Reihe zur zweiten und erhalten:

$$ J = \begin{vmatrix} 0 & 0 & (a_1 \alpha_1 + a_2 \alpha_2), & (a_1 \beta_1 + a_2 \beta_2) \\ 0 & 0 & (b_1 \alpha_1 + b_2 \beta_2), & (b_1 \beta_1 + b_2 \beta_2) \\ -1 & 0 & \alpha_1 & \beta_1 \\ 0 & -1 & \alpha_2 & \beta_2 \end{vmatrix}. $$

Auch diese Determinante ist gleich einem einzigen Produkt aus zwei correspondirenden, weil alle übrigen verschwinden, und zwar ist:

$$ J = \begin{vmatrix} (a_1 \alpha_1 + a_2 \alpha_2), & (a_1 \beta_1 + a_2 \beta_2) \\ (b_1 \alpha_1 + b_2 \beta_2), & (b_1 \beta_1 + b_2 \beta_2) \end{vmatrix} \cdot \begin{vmatrix} -1 & 0 \\ 0 & -1 \end{vmatrix}. $$

Da aber der zweite Factor gleich 1 ist, so muss J gleich dem ersten Factor sein, so dass wir durch Vergleichung der beiden Werthe von J erhalten:

$$ \begin{vmatrix} a_1 & b_1 \\ a_2 & b_2 \end{vmatrix} \cdot \begin{vmatrix} \alpha_1 & \beta_1 \\ \alpha_2 & \beta_2 \end{vmatrix} = \begin{vmatrix} (a_1 \alpha_1 + a_2 \alpha_2), & (a_1 \beta_1 + a_2 \beta_2) \\ (b_1 \alpha_1 + b_2 \alpha_2), & (b_1 \beta_1 + b_2 \beta_2) \end{vmatrix}. $$

Abgesehen von der Umsetzung der Reihen in Colonnen, stimmt diese Formel mit (72) überein.

Ebenso reihen wir zwei Determinanten dritten Grades, die mit einander multiplicirt werden sollen, in ein einziges Schema so ein, dass sie die Lage von zwei correspondirenden Determinanten erhalten:

$$ J = \begin{vmatrix} a_1 & a_2 & a_3 & 0 & 0 & 0 \\ b_1 & b_2 & b_3 & 0 & 0 & 0 \\ c_1 & c_2 & c_3 & 0 & 0 & 0 \\ -1 & 0 & 0 & \alpha_1 & \beta_1 & \gamma_1 \\ 0 & -1 & 0 & \alpha_2 & \beta_2 & \gamma_2 \\ 0 & 0 & -1 & \alpha_3 & \beta_3 & \gamma_3 \end{vmatrix}. \qquad (78) $$

Abermals zerlegen wir dieses Schema nach den Regeln des §. 13 in Produkte aus correspondirenden Determinanten vom dritten Grade und finden, dass alle, ein einziges ausgenommen, verschwinden. Es ist daher:

$$\varDelta = \begin{vmatrix} a_1 & a_2 & a_3 \\ b_1 & b_2 & b_3 \\ c_1 & c_2 & c_3 \end{vmatrix} \cdot \begin{vmatrix} \alpha_1 & \beta_1 & \gamma_1 \\ \alpha_2 & \beta_2 & \gamma_2 \\ \alpha_3 & \beta_3 & \gamma_3 \end{vmatrix}.$$

Nun addirt man in (78) zuerst die a_1 fache vierte, die a_2 fache fünfte und a_3 fache sechste Reihe zur ersten, dann die b_1 fache vierte, die b_2 fache fünfte und b_3 fache sechste zur zweiten und endlich die c_1 fache vierte, die c_2 fache fünfte und c_3 fache sechste zur dritten Reihe, wodurch man erhält:

$$\varDelta =$$

$$\begin{vmatrix} 0 & 0 & 0 & (a_1\alpha_1+a_2\alpha_2+a_3\alpha_3), & (a_1\beta_1+a_2\beta_2+a_3\beta_3), & (a_1\gamma_1+a_2\gamma_2+a_3\gamma_3) \\ 0 & 0 & 0 & (b_1\alpha_1+b_2\alpha_2+b_3\alpha_3), & (b_1\beta_1+b_2\beta_2+b_3\beta_3), & (b_1\gamma_1+b_2\gamma_2+b_3\gamma_3) \\ 0 & 0 & 0 & (c_1\alpha_1+c_2\alpha_2+c_3\alpha_3), & (c_1\beta_1+c_2\beta_2+c_3\beta_3), & (c_1\gamma_1+c_2\gamma_2+c_3\gamma_3) \\ 1 & 0 & 0 & \alpha_1 & \beta_1 & \gamma_1 \\ 0 & -1 & 0 & \alpha_2 & \beta_2 & \gamma_2 \\ 0 & 0 & -1 & \alpha_3 & \beta_3 & \gamma_3 \end{vmatrix}.$$

Wird diese Determinante, welche vom sechsten Grad ist und als solche allgemein durch das Symbol $(a_1\,b_2\,c_3\,d_4\,e_5\,f_6)$ dargestellt werden muss, nach §. 13 in Produkte aus correspondirenden Determinanten dritten Grades zerlegt, so ist das Produkt:

$$(-1)^{4-1+5-2+6-3}\,(a_4\,b_5\,c_6)\,(d_1\,e_2\,f_3) = -(a_4\,b_5\,c_6)\,(d_1\,e_2\,f_3)$$

das einzige, welches nicht verschwindet, so dass die ganze Determinante $\varDelta$ gleich diesem Produkte ist. Da aber weiter:

$$(d_1\,e_2\,f_3) = \begin{vmatrix} -1 & 0 & 0 \\ 0 & -1 & 0 \\ 0 & 0 & -1 \end{vmatrix} = -1$$

ist, so wird $\varDelta = -(a_4\,b_5\,c_6)\cdot(-1) = (a_4\,b_5\,c_6)$.

Der Vergleich der beiden Werthe von $\varDelta$ führt zu der Formel:

$$\begin{vmatrix} a_1 & b_1 & c_1 \\ a_2 & b_2 & c_2 \\ a_3 & b_3 & c_3 \end{vmatrix} \cdot \begin{vmatrix} \alpha_1 & \beta_1 & \gamma_1 \\ \alpha_2 & \beta_2 & \gamma_2 \\ \alpha_3 & \beta_3 & \gamma_3 \end{vmatrix} = \qquad (79)$$

$$\begin{vmatrix} (a_1\alpha_1+a_2\alpha_2+a_3\alpha_3), & (a_1\beta_1+a_2\beta_2+a_3\beta_3), & (a_1\gamma_1+a_2\gamma_2+a_3\gamma_3) \\ (b_1\alpha_1+b_2\alpha_2+b_3\alpha_3), & (b_1\beta_1+b_2\beta_2+b_3\beta_3), & (b_1\gamma_1+b_2\gamma_2+b_3\gamma_3) \\ (c_1\alpha_1+c_2\alpha_2+c_3\alpha_3), & (c_1\beta_1+c_2\beta_2+c_3\beta_3), & (c_1\gamma_1+c_2\gamma_2+c_3\gamma_3) \end{vmatrix}.$$

Der Vollständigkeit wegen geben wir eine ganz allgemeine Entwickelung dieser Multiplicationsformeln und wählen dazu das Schema:

$$J = \begin{vmatrix} a_{11} & a_{12} & a_{13} & \ldots & a_{1n} & 0 & 0 & 0 & \ldots & 0 & | & 1 \\ a_{21} & a_{22} & a_{23} & \ldots & a_{2n} & 0 & 0 & 0 & \ldots & 0 & | & 2 \\ a_{31} & a_{32} & a_{33} & \ldots & a_{3n} & 0 & 0 & 0 & \ldots & 0 & | & 3 \\ \ldots & & & & & & & & & & & \\ a_{n1} & a_{n2} & a_{n3} & \ldots & a_{nn} & 0 & 0 & 0 & \ldots & 0 & | & n \\ -1 & 0 & 0 & \ldots & 0 & \alpha_{11} & \alpha_{12} & \alpha_{13} & \ldots & \alpha_{1n} & | & n+1 \\ 0 & -1 & 0 & \ldots & 0 & \alpha_{21} & \alpha_{22} & \alpha_{23} & \ldots & \alpha_{2n} & | & n+2 \\ 0 & 0 & -1 & \ldots & 0 & \alpha_{31} & \alpha_{32} & \alpha_{33} & \ldots & \alpha_{3n} & | & n+3 \\ \ldots & & & & & & & & & & & \\ 0 & 0 & 0 & \ldots & -1 & \alpha_{n1} & \alpha_{n2} & \alpha_{n3} & \ldots & \alpha_{nn} & | & 2n. \end{vmatrix}$$

Diese Determinante ist vom Grade $2n$ und zusammengesetzt aus vier Theilen, von denen jeder für sich eine Determinante n^{ten} Grades vorstellt, indem der erste Quadrant die Determinante $(a_{11}\ a_{22}\ a_{33} \ldots a_{nn})$, der zweite nur Nulle, der dritte nur Nulle und -1, und der vierte die Determinante $(\alpha_{11}\ \alpha_{22}\ \alpha_{33} \ldots \alpha_{nn})$ enthält. Die Reihen sind durch die Nummern 1 bis $2n$ bezeichnet, das allgemeine Schema wird durch das Symbol:

$$(a_1\ b_2\ c_3 \ldots g_n\ h_{n+1}\ i_{n+2} \ldots t_{2n})$$

dargestellt. Wird J nach §. 13 in Produkte aus correspondirenden Determinanten n^{ten} Grades zerlegt, so ist das Produkt:

$$(a_1\ b_2\ c_3 \ldots g_n)\ (h_{n+1}\ i_{n+2} \ldots t_{2n})$$

das einzige, welches nicht verschwindet, und wir können J diesem Produkte gleich setzen. Demnach ist:

$$J = \begin{vmatrix} a_{11} & a_{12} & a_{13} & \ldots & a_{1n} \\ a_{21} & a_{22} & a_{23} & \ldots & a_{2n} \\ a_{31} & a_{32} & a_{33} & \ldots & a_{3n} \\ \ldots & & & & \\ a_{n1} & a_{n2} & a_{n3} & \ldots & a_{nn} \end{vmatrix} \cdot \begin{vmatrix} \alpha_{11} & \alpha_{12} & \alpha_{13} & \ldots & \alpha_{1n} \\ \alpha_{21} & \alpha_{22} & \alpha_{23} & \ldots & \alpha_{2n} \\ \alpha_{31} & \alpha_{32} & \alpha_{33} & \ldots & \alpha_{3n} \\ \ldots & & & & \\ \alpha_{n1} & \alpha_{n2} & \alpha_{n3} & \ldots & \alpha_{nn} \end{vmatrix}.$$

Wir multipliciren jetzt:

Reihe $(n+1)$ mit a_{11}
„ $(n+2)$ „ a_{12}
„ $(n+3)$ „ a_{13}
. . . .
„ $2n$ „ a_{1n}

und addiren alle zur Reihe 1. Weiter multipliciren wir:

Reihe $(n+1)$ mit a_{21}
„ $(n+2)$ „ a_{22}
„ $(n+3)$ „ a_{23}
. . . .
„ $2n$ „ a_{2n}

und addiren alle zur Reihe 2. Ebenso multipliciren wir:

$$\text{Reihe } (n+1) \text{ mit } a_{31}$$
$$\text{„ } (n+2) \text{ „ } a_{32}$$
$$\text{„ } (n+3) \text{ „ } a_{33}$$
$$\cdots\cdots\cdots\cdots$$
$$\text{„ } 2n \text{ „ } a_{3n}$$

und addiren sie alle zur Reihe 3. Dieses Verfahren wird fortgesetzt, bis endlich

$$\text{Reihe } (n+1) \text{ mit } a_{n1}$$
$$\text{„ } (n+2) \text{ „ } a_{n2}$$
$$\text{„ } (n+3) \text{ „ } a_{n3}$$
$$\cdots\cdots\cdots\cdots$$
$$\text{„ } 2n \text{ „ } a_{nn}$$

multiplicirt und zur Reihe n addirt worden ist. Durch diese Transformation gewinnt A folgende Gestalt:

$$A = \begin{vmatrix} 0 & 0 & 0 & \ldots\ldots & 0 & c_{11} & c_{12} & c_{13} & \ldots\ldots & c_{1n} \\ 0 & 0 & 0 & \ldots\ldots & 0 & c_{21} & c_{22} & c_{23} & \ldots\ldots & c_{2n} \\ 0 & 0 & 0 & \ldots\ldots & 0 & c_{31} & c_{32} & c_{33} & \ldots\ldots & c_{3n} \\ \cdots & & & & & & & & & \cdots \\ 0 & 0 & 0 & \ldots\ldots & 0 & c_{n1} & c_{n2} & c_{n3} & \ldots\ldots & c_{nn} \\ -1 & 0 & 0 & \ldots\ldots & 0 & \alpha_{11} & \alpha_{12} & \alpha_{13} & \ldots\ldots & \alpha_{1n} \\ 0 & -1 & 0 & \ldots\ldots & 0 & \alpha_{21} & \alpha_{22} & \alpha_{23} & \ldots\ldots & \alpha_{2n} \\ 0 & 0 & -1 & \ldots\ldots & 0 & \alpha_{31} & \alpha_{32} & \alpha_{33} & \ldots\ldots & \alpha_{3n} \\ \cdots & & & & & & & & & \cdots \\ 0 & 0 & 0 & \ldots\ldots & -1 & \alpha_{n1} & \alpha_{n2} & \alpha_{n3} & \ldots\ldots & \alpha_{nn} \end{vmatrix},$$

worin die c nach folgenden Formeln gebildet werden müssen:

$$c_{11} = a_{11}\,\alpha_{11} + a_{12}\,\alpha_{21} + a_{13}\,\alpha_{31} + \ldots + a_{1n}\,\alpha_{n1}$$
$$c_{12} = a_{11}\,\alpha_{12} + a_{12}\,\alpha_{22} + a_{13}\,\alpha_{32} + \ldots + a_{1n}\,\alpha_{n2}$$
$$c_{13} = a_{11}\,\alpha_{13} + a_{12}\,\alpha_{23} + a_{13}\,\alpha_{33} + \ldots + a_{1n}\,\alpha_{n3}$$
$$\cdots\cdots\cdots\cdots\cdots\cdots\cdots$$
$$c_{1n} = a_{11}\,\alpha_{1n} + a_{12}\,\alpha_{2n} + a_{13}\,\alpha_{3n} + \ldots + a_{1n}\,\alpha_{nn}$$

und

$$c_{21} = a_{21}\,\alpha_{11} + a_{22}\,\alpha_{21} + a_{23}\,\alpha_{31} + \ldots + a_{2n}\,\alpha_{n1}$$
$$c_{22} = a_{21}\,\alpha_{12} + a_{22}\,\alpha_{22} + a_{23}\,\alpha_{32} + \ldots + a_{2n}\,\alpha_{n2}$$
$$c_{23} = a_{21}\,\alpha_{13} + a_{22}\,\alpha_{23} + a_{23}\,\alpha_{33} + \ldots + a_{2n}\,\alpha_{n3}$$
$$\cdots\cdots\cdots\cdots\cdots\cdots\cdots$$
$$c_{2n} = a_{21}\,\alpha_{1n} + a_{22}\,\alpha_{2n} + a_{23}\,\alpha_{3n} + \ldots + a_{2n}\,\alpha_{nn}$$

und

$$c_{31} = a_{31}\,\alpha_{11} + a_{32}\,\alpha_{21} + a_{33}\,\alpha_{31} + \ldots + a_{3n}\,\alpha_{n1}$$
$$c_{32} = a_{31}\,\alpha_{12} + a_{32}\,\alpha_{22} + a_{33}\,\alpha_{32} + \ldots + a_{3n}\,\alpha_{n2}$$
$$c_{33} = a_{31}\,\alpha_{13} + a_{32}\,\alpha_{23} + a_{33}\,\alpha_{33} + \ldots + a_{3n}\,\alpha_{n3}$$
$$\cdots\cdots\cdots\cdots\cdots\cdots\cdots$$
$$c_{3n} = a_{31}\,\alpha_{1n} + a_{32}\,\alpha_{2n} + a_{33}\,\alpha_{3n} + \ldots + a_{3n}\,\alpha_{nn}$$

u. s. w.

Wird zunächst von dem Vorzeichen abgesehen, so ist J gleich dem einzigen Produkt aus der Determinante $(c_{11} c_{22} c_{33} \ldots c_{nn})$ und ihrer correspondirenden, in welch letzteren alle Elemente der Hauptdiagonale -1, alle übrigen Elemente aber Null heissen. Der Werth dieser correspondirenden ist deshalb gleich $(-1)^n$. Zur Bestimmung des Vorzeichens ist es nothwendig, sich zu erinnern, dass im allgemeinen Schema dieses Produkt die folgende Gestalt haben würde:

$$(-1)^{(n+1-1)+(n+2-2)+\ldots+(n+n-n)} (a_{n+1} b_{n+2} \ldots g_{2n}) (h_1 i_2 \ldots t_n).$$

Wir erkennen hieraus, dass das Vorzeichen durch den Factor $(-1)^{n \cdot n}$ oder $(-1)^n$ bestimmt wird. Bringen wir diesen Zeichenfactor in Verbindung mit dem Werthe $(-1)^n$, wie wir ihn für die eine Determinante bereits gefunden haben, so wird $(c_{11} c_{22} c_{33} \ldots c_{nn})$ im Ganzen mit dem Factor $(-1)^n \cdot (-1)^n = 1$ zu vereinigen sein, so dass wir erhalten: $J = (c_{11} c_{22} c_{33} \ldots c_{nn})$. Werden endlich die beiden Werthe von J einander gleich gesetzt, so entsteht:

$$
\begin{vmatrix} a_{11} & a_{12} & \ldots & a_{1n} \\ a_{21} & a_{22} & \ldots & a_{2n} \\ \ldots & \ldots & \ldots & \ldots \\ a_{n1} & a_{n2} & \ldots & a_{nn} \end{vmatrix}
\cdot
\begin{vmatrix} \alpha_{11} & \alpha_{12} & \ldots & \alpha_{1n} \\ \alpha_{21} & \alpha_{22} & \ldots & \alpha_{2n} \\ \ldots & \ldots & \ldots & \ldots \\ \alpha_{n1} & \alpha_{n2} & \ldots & \alpha_{nn} \end{vmatrix}
=
\begin{vmatrix} c_{11} & c_{12} & \ldots & c_{1n} \\ c_{21} & c_{22} & \ldots & c_{2n} \\ \ldots & \ldots & \ldots & \ldots \\ c_{n1} & c_{n2} & \ldots & c_{nn} \end{vmatrix}
\quad (80)
$$

worin die c nach den obigen Formeln aus den a und α zusammengesetzt werden müssen.

Beispiel.

$$
\begin{vmatrix} 3 & 6 & 2 \\ 2 & 7 & 4 \\ 5 & 1 & 5 \end{vmatrix} \cdot \begin{vmatrix} 4 & 5 & 9 \\ 7 & 6 & 6 \\ 3 & 1 & 8 \end{vmatrix} = \begin{vmatrix} (12+14+15), & (15+12+5), & (27+12+40) \\ (24+49+3), & (30+42+1), & (54+42+8) \\ (8+28+15), & (10+24+5), & (18+24+40) \end{vmatrix}
$$

$$J_1 = 87; \quad J_2 = -121; \quad J_3 = -10527.$$

Unvollständige Determinanten. Unterdrückt man in dem Schema einer Determinante die letzte Elementenreihe, so bleibt ein anderes Schema zurück, welches als eine unvollständige Determinante angesehen werden kann. So sind z. B.:

$$
d = \begin{Vmatrix} a_1 & b_1 & c_1 \\ a_2 & b_2 & c_2 \end{Vmatrix} \quad \text{und} \quad c = \begin{Vmatrix} \alpha_1 & \beta_1 & \gamma_1 \\ \alpha_2 & \beta_2 & \gamma_2 \end{Vmatrix}
$$

zwei unvollständige Determinanten dritten Grades, aus welchen durch Zusatz der fehlenden dritten Reihen vollständige Determinanten hervorgehen. Den Elementen dieser hinzugedachten Reihen entsprechen in d und c bestimmte Unterdeterminanten, welche wir hier folgen lassen:

5

$$\begin{vmatrix} a_1 & b_1 \\ a_2 & b_2 \end{vmatrix} : - \begin{vmatrix} a_1 & c_1 \\ a_2 & c_2 \end{vmatrix} : \begin{vmatrix} b_1 & c_1 \\ b_2 & c_2 \end{vmatrix} \quad \text{und} \quad \begin{vmatrix} \alpha_1 & \beta_1 \\ \alpha_2 & \beta_2 \end{vmatrix} ; - \begin{vmatrix} \alpha_1 & \gamma_1 \\ \alpha_2 & \gamma_2 \end{vmatrix} ; \begin{vmatrix} \beta_1 & \gamma_1 \\ \beta_2 & \gamma_2 \end{vmatrix}.$$

Durch Verbindung der beiden Schemata nach Art zweier Factoren zu einem Producte entsteht zunächst nur ein Symbol, unter dem wir aber die Summe der drei Producte verstehen wollen, die man erhält, wenn man jede Unterdeterminante von d mit der entsprechenden von e multiplicirt. Hiernach ist:

$$S = \begin{Vmatrix} a_1 & b_1 & c_1 \\ a_2 & b_2 & c_2 \end{Vmatrix} \cdot \begin{Vmatrix} \alpha_1 & \beta_1 & \gamma_1 \\ \alpha_2 & \beta_2 & \gamma_2 \end{Vmatrix}$$

$$= \begin{vmatrix} a_1 & b_1 \\ a_2 & b_2 \end{vmatrix} \cdot \begin{vmatrix} \alpha_1 & \beta_1 \\ \alpha_2 & \beta_2 \end{vmatrix} + \begin{vmatrix} a_1 & c_1 \\ a_2 & c_2 \end{vmatrix} \cdot \begin{vmatrix} \alpha_1 & \gamma_1 \\ \alpha_2 & \gamma_2 \end{vmatrix} + \begin{vmatrix} b_1 & c_1 \\ b_2 & c_2 \end{vmatrix} \cdot \begin{vmatrix} \beta_1 & \gamma_1 \\ \beta_2 & \gamma_2 \end{vmatrix}$$

$$= (a_1\, b_2) \cdot (\alpha_1\, \beta_2) + (a_1\, c_2) \cdot (\alpha_1\, \gamma_2) + (b_1\, c_2) \cdot (\beta_1\, \gamma_2).$$

In der Absicht, noch einen zweiten Ausdruck zu gewinnen, welcher mit S gleichen Werth hat, untersuchen wir die folgende Determinante fünften Grades:

$$\varDelta = - \begin{vmatrix} a_1 & a_2 & -1 & 0 & 0 \\ b_1 & b_2 & 0 & -1 & 0 \\ c_1 & c_2 & 0 & 0 & -1 \\ 0 & 0 & \alpha_1 & \beta_1 & \gamma_1 \\ 0 & 0 & \alpha_2 & \beta_2 & \gamma_2 \end{vmatrix},$$

indem wir dieselbe nach den in §. 13 aufgestellten Formeln in zehn Producte aus correspondirenden Determinanten des zweiten und dritten Grades zerlegen. Da aber fünf derselben verschwinden, so lassen wir nur die übrigen hier folgen:

$$\varDelta = - \left\{ \begin{vmatrix} a_1 & a_2 \\ b_1 & b_2 \end{vmatrix} \cdot \begin{vmatrix} 0 & 0 & -1 \\ \alpha_1 & \beta_1 & \gamma_1 \\ \alpha_2 & \beta_2 & \gamma_2 \end{vmatrix} - \begin{vmatrix} a_1 & -1 \\ b_1 & 0 \end{vmatrix} \cdot \begin{vmatrix} c_2 & 0 & -1 \\ 0 & \beta_1 & \gamma_1 \\ 0 & \beta_2 & \gamma_2 \end{vmatrix} + \begin{vmatrix} a_1 & 0 \\ b_1 & -1 \end{vmatrix} \cdot \begin{vmatrix} c_2 & 0 & -1 \\ 0 & \alpha_1 & \gamma_1 \\ 0 & \alpha_2 & \gamma_2 \end{vmatrix} \right.$$

$$\left. + \begin{vmatrix} a_2 & -1 \\ b_2 & 0 \end{vmatrix} \cdot \begin{vmatrix} c_1 & 0 & -1 \\ 0 & \beta_1 & \gamma_1 \\ 0 & \beta_2 & \gamma_2 \end{vmatrix} - \begin{vmatrix} a_2 & 0 \\ b_2 & -1 \end{vmatrix} \cdot \begin{vmatrix} c_1 & 0 & -1 \\ 0 & \alpha_1 & \gamma_1 \\ 0 & \alpha_2 & \gamma_2 \end{vmatrix} \right\}.$$

Die dreigliederigen Determinanten, welche hier als Factoren auftreten, werden abermals in Producte aus den Elementen ihrer ersten Reihen und entsprechenden Unterdeterminanten zerlegt, und da hierbei jedesmal zwei dieser Producte verschwinden, so erscheint schliesslich $\varDelta$ unter folgender Form:

$$\varDelta = - \left\{ - \begin{vmatrix} a_1 & a_2 \\ b_1 & b_2 \end{vmatrix} \cdot \begin{vmatrix} \alpha_1 & \beta_1 \\ \alpha_2 & \beta_2 \end{vmatrix} - (b_1\, c_2 - b_2\, c_1) \cdot \begin{vmatrix} \beta_1 & \gamma_1 \\ \beta_2 & \gamma_2 \end{vmatrix} - (a_1\, c_2 - a_2\, c_1) \cdot \begin{vmatrix} \alpha_1 & \gamma_1 \\ \alpha_2 & \gamma_2 \end{vmatrix} \right\}.$$

Da nun auch die Klammerwerthe Determinanten sind, so ist endlich gestattet zu setzen:

$$\mathit{J} = (a_1\,b_2)\,.\,(\alpha_1\,\beta_2) + (a_1\,c_2)\,.\,(\alpha_1\,\gamma_2) + (b_1\,c_2)\,.\,(\beta_1\,\gamma_2),$$

woraus dann durch Vergleich mit S folgt, dass $S = \mathit{J}$ ist.

Um den Werth für J in noch anderer Form zu gewinnen, multipliciren wir in seinem Schema die dritte Colonne mit a_1, die vierte mit b_1 und die fünfte mit c_1 und addiren diese Produkte zur ersten Colonne. Hierauf werden die dritte Colonne mit a_2, die vierte mit b_2, die fünfte mit c_2 muliplicirt und die Produkte zur zweiten addirt. So erhält man:

$$\mathit{J} = - \begin{vmatrix} 0 & 0 & -1 & 0 & 0 \\ 0 & 0 & 0 & -1 & 0 \\ 0 & 0 & 0 & 0 & -1 \\ (a_1\alpha_1 + b_1\beta_1 + c_1\gamma_1), & (a_2\alpha_1 + b_2\beta_1 + c_2\gamma_1), & \alpha_1 & \beta_1 & \gamma_1 \\ (a_1\alpha_2 + b_1\beta_2 + c_1\gamma_2), & (a_2\alpha_2 + b_2\beta_2 + c_2\gamma_2), & \alpha_2 & \beta_2 & \gamma_2 \end{vmatrix}$$

Nach den Formeln des §. 13 zerfällt J wiederum in zehn Produkte aus correspondirenden Determinanten des dritten und zweiten Grades, von denen jedoch nur ein einziges nicht verschwindet. Somit erscheint J unter der neuen Form:

$$\mathit{J} = - \overset{\mathit{J}_1}{\begin{vmatrix} -1 & 0 & 0 \\ 0 & -1 & 0 \\ 0 & 0 & -1 \end{vmatrix}} \cdot \overset{\mathit{J}_2}{\begin{vmatrix} (a_1\alpha_1 + b_1\beta_1 + c_1\gamma_1), & (a_2\alpha_1 + b_2\beta_1 + c_2\gamma_1) \\ (a_1\alpha_2 + b_1\beta_2 + c_1\gamma_2), & (a_2\alpha_2 + b_2\beta_2 + c_2\gamma_2) \end{vmatrix}},$$

und da $\mathit{J}_1 = -1$ ist, so ist auch $\mathit{J} = \mathit{J}_2$. Durch Vergleich der beiden Werthe von J finden wir schliesslich $S = \mathit{J}_2$. Das Schema J_2 wird aus den beiden Factoren des Symboles S nach dem nämlichen Verfahren gebildet, nach welchem bei vollständigen Determinanten das Schema eines Produktes aus denen der beiden Factoren gewonnen wird. Zum Schluss soll das Ganze zu einer Formel zusammengestellt werden:

$$\begin{vmatrix} a_1\,b_1\,c_1 \\ a_2\,b_2\,c_2 \end{vmatrix} \cdot \begin{vmatrix} \alpha_1\,\beta_1\,\gamma_1 \\ \alpha_2\,\beta_2\,\gamma_2 \end{vmatrix} = \begin{vmatrix} (a_1\alpha_1 + b_1\beta_1 + c_1\gamma_1), & (a_2\alpha_1 + b_2\beta_1 + c_2\gamma_1) \\ (a_1\alpha_2 + b_1\beta_2 + c_1\gamma_2), & (a_2\alpha_2 + b_2\beta_2 + c_2\gamma_2) \end{vmatrix}$$

$$= \begin{vmatrix} a_1\,b_1 \\ a_2\,b_2 \end{vmatrix} \cdot \begin{vmatrix} \alpha_1\,\beta_1 \\ \alpha_2\,\beta_2 \end{vmatrix} + \begin{vmatrix} a_1\,c_1 \\ a_2\,c_2 \end{vmatrix} \cdot \begin{vmatrix} \alpha_1\,\gamma_1 \\ \alpha_2\,\gamma_2 \end{vmatrix} + \begin{vmatrix} b_1\,c_1 \\ b_2\,c_2 \end{vmatrix} \cdot \begin{vmatrix} \beta_1\,\gamma_1 \\ \beta_2\,\gamma_2 \end{vmatrix}.$$

Sobald das Schema J_2, d. h. die in der vorstehenden Formel enthaltene Determinante, als gegeben angesehen werden darf, kann die Richtigkeit der Formel auch dadurch nachgewiesen werden, dass man nach §. 11 das Schema in derselben Weise den

Theilen der Elemente entsprechend zerlegt, wie dies oben bei der
Ableitung der Multiplicationsformeln geschehen ist, indem diese
Zerlegung zu zweigliederigen Determinanten führt, welche sich zu
den drei Produkten unserer Formel zusammenstellen lassen. Selbstverständlich kann das erläuterte Verfahren auf unvollständige Determinanten von höheren Graden unverändert übertragen werden.

§. 16. Die adjungirten Determinanten.

Wird aus einer Determinante eine zweite in der Weise abgeleitet, dass man an die Stelle eines jeden Elementes a_{rs} die
ihm zugehörige Unterdeterminante A_{rs} setzt, so wird diese zweite
die adjungirte der ersten genannt. In der Absicht, beide mit
einander zu multipliciren, stellen wir sie in folgender Weise neben
einander:

$$
\overset{d}{\begin{vmatrix} a_{11} & a_{12} & \ldots & a_{1n} \\ a_{21} & a_{22} & \ldots & a_{2n} \\ \ldots & \ldots & \ldots & \ldots \\ a_{n1} & a_{n2} & \ldots & a_{nn} \end{vmatrix}}
\times
\overset{D}{\begin{vmatrix} A_{11} & A_{12} & \ldots & A_{1n} \\ A_{21} & A_{22} & \ldots & A_{2n} \\ \ldots & \ldots & \ldots & \ldots \\ A_{n1} & A_{n2} & \ldots & A_{nn} \end{vmatrix}}.
$$

Wird die Multiplication ausgeführt, so entsteht als Produkt eine
neue Determinante, deren Elemente sich zusammensetzen aus den
Produkten, welche entstehen, wenn man die Elemente der Colonnen
in d mit den Elementen der Colonnen in D multiplicirt. Man
erhält:

$$
d \cdot D = \begin{vmatrix} c_{11} & c_{12} & c_{13} & \ldots & c_{1n} \\ c_{21} & c_{22} & c_{23} & \ldots & c_{2n} \\ c_{31} & c_{32} & c_{33} & \ldots & c_{3n} \\ \ldots & \ldots & \ldots & \ldots & \ldots \\ c_{n1} & c_{n2} & c_{n3} & \ldots & c_{nn} \end{vmatrix} , \text{ wenn}
$$

$$
c_{11} = a_{11} A_{11} + a_{21} A_{21} + a_{31} A_{31} + \ldots + a_{n1} A_{n1} = d
$$
$$
c_{12} = a_{11} A_{12} + a_{21} A_{22} + a_{31} A_{32} + \ldots + a_{n1} A_{n2} + 0
$$
$$
\ldots \ldots \ldots \ldots \ldots \ldots \ldots \ldots
$$
$$
c_{1n} = a_{11} A_{1n} + a_{21} A_{2n} + a_{31} A_{3n} + \ldots + a_{n1} A_{nn} = 0
$$
$$
c_{21} = a_{12} A_{11} + a_{22} A_{21} + a_{32} A_{31} + \ldots + a_{n2} A_{n1} = 0
$$
$$
c_{22} = a_{12} A_{12} + a_{22} A_{22} + a_{32} A_{32} + \ldots + a_{n2} A_{n2} = d
$$

u. s. w.

Werden so alle c hergestellt, so verschwinden alle, welche zwei
verschiedene Indices führen, weil sie in der Art entstehen, dass

man die Elemente einer Colonne mit solchen Unterdeterminanten multiplicirt, welche zu einer anderen Colonne gehören. Dagegen nehmen diejenigen c. welche zwei gleiche Indices aufweisen, sämmtlich den Werth d an, weil sie aus einer Summe von Produkten bestehen, welche dadurch entstanden sind, dass man die Elemente der einzelnen Colonnen mit ihren eigenen Unterdeterminanten multiplicirt hat. So gelangt man zu der Gleichung:

$$d \cdot D = \begin{vmatrix} d & 0 & 0 & 0 & \ldots & 0 \\ 0 & d & 0 & 0 & \ldots & 0 \\ 0 & 0 & d & 0 & \ldots & 0 \\ 0 & 0 & 0 & d & \ldots & 0 \\ \cdot & \cdot & \cdot & \cdot & \ldots & \cdot \\ 0 & 0 & 0 & 0 & \ldots & d \end{vmatrix}$$

und daraus folgt: $d \cdot D = d^n$. oder:

$$D = d^{n-1}. \tag{81}$$

In Worten: Die adjungirte einer Determinante n^{ten} Grades ist die $(n-1)^{te}$ Potenz der Hauptdeterminante.

§. 17. Anwendung der Determinanten auf Entwickelungen aus der analytischen Geometrie der Ebene.

Wir wollen bei den nachfolgenden Aufgaben voraussetzen, dass der Leser mit der berührten Materie bekannt sei, indem wir uns auf leichte und allgemein bekannte Dinge beschränken.

Erste Aufgabe. Die Gleichung einer geraden Linie zu finden, die durch zwei gegebene Punkte geht.

Die Coordinaten dieser Punkte mögen $x_1 y_1$ und $x_2 y_2$ sein. Die Gleichung einer jeden Geraden hat die Form:

$$A x + B y + C = 0.$$

Für unsere Aufgabe sind A, B, C noch näher zu bestimmen. Die Thatsache, dass die gesuchte Gerade durch die gegebenen Punkte geht, begründet die zwei Bedingungsgleichungen:

$$A x_1 + B y_1 + C_1 = 0; \quad A x_2 + B y_2 + C = 0.$$

Diese drei homogenen Gleichungen zwischen den drei unbekannten Grössen A, B, C können nur dann gleichzeitig bestehen, wenn

$$\begin{vmatrix} x & y & 1 \\ x_1 & y_2 & 1 \\ x_2 & y_2 & 1 \end{vmatrix} = 0. \tag{82}$$

Vorstehende Determinante ist die gesuchte Gleichung der geraden Linie. Sie ist eine Relation, welche zwischen den Coordinaten $x\,y$ eines beliebigen Punktes der Geraden und den Coordinaten der beiden gegebenen Punkte bestehen muss. Wird die zweite Reihe von der ersten und dritte von der zweiten abgezogen, so entsteht durch Auflösung leicht die Form:

$$\frac{x - x_1}{x_1 - x_2} = \frac{y - y_1}{y_1 - y_2},$$

wie wir dieselbe als die gewöhnliche kennen.

Beispiel. Es sei $x_1 = 3$, $y_1 = 5$; $x_2 = -4$, $y_2 = 8$.

$$\varDelta = \begin{vmatrix} x & y & 1 \\ 3 & 5 & 1 \\ -4 & 8 & 1 \end{vmatrix} = 0; \quad 3\,x + 7\,y - 44 = 0.$$

Zweite Aufgabe. Man soll die Bedingung dafür aufstellen, dass drei gegebene Punkte $x_1\,y_1$; $x_2\,y_2$; $x_3\,y_3$ in einer geraden Linie liegen.

Diese Aufgabe fällt mit der vorhergehenden fast zusammen. Legen wir nämlich durch zwei der gegebenen Punkte eine gerade Linie, so haben wir in der vorhergehenden Determinante deren Gleichung. Damit aber der dritte Punkt dieser Geraden angehöre, müssen die Coordinaten $x_3\,y_3$ diese Gleichung befriedigen. Die gesuchte Bedingung heisst mithin so:

$$\begin{vmatrix} x_3 & y_3 & 1 \\ x_1 & y_1 & 1 \\ x_2 & y_2 & 1 \end{vmatrix} = 0, \quad \text{oder:} \quad \begin{vmatrix} x_1 & y_1 & 1 \\ x_2 & y_2 & 1 \\ x_3 & y_3 & 1 \end{vmatrix} = 0. \qquad (83)$$

Dritte Aufgabe. Wenn ein Punkt $x\,y$ mit zwei anderen Punkten $x_1\,y_1$ und $x_2\,y_2$ in gerader Linie liegt, so soll nachgewiesen werden, dass die Coordinaten x und y sich durch folgende Gleichungen ausdrücken lassen:

$$x = \frac{x_1 + \lambda\,x_2}{1 + \lambda}; \quad y = \frac{y_1 + \lambda\,y_2}{1 + \lambda}. \qquad (84)$$

Liegen die drei Punkte in gerader Linie, so muss die Determinante (82) verschwinden. Eine solche verschwindende Determinante setzt uns (§. 14) in den Stand, drei nicht homogene Gleichungen zwischen nur zwei Unbekannten anzuschreiben und die Elemente der Determinante als Coefficienten dieser Unbekannten zu benutzen. Diese drei Gleichungen mögen heissen:

$$x_1 + \lambda\,x_2 + \mu\,x = 0$$
$$y_1 + \lambda\,y_2 + \mu\,y = 0$$
$$1 + \lambda + \mu = 0,$$

wenn λ und μ die Unbekannten vorstellen. Wird μ aus der dritten Gleichung in die beiden ersten substituirt, so entstehen sofort die beiden gesuchten Gleichungen (84).

Wir können dieselben ansehen als die Gleichung einer Geraden, welche durch die beiden gegebenen Punkte $x_1 y_1$ und $x_2 y_2$ geht, indem wir λ als unabhängige Variabele betrachten. Wird dieses λ continuirlich geändert, so ändert sich das Coordinatenpaar $x y$ ebenfalls continuirlich, und der continuirlich fortbewegte Punkt beschreibt eine gerade Linie, weil er in allen Lagen die Determinante (82) befriedigt.

Vierte Aufgabe. Die Coordinaten $x_1 y_1$, $x_2 y_2$ und $x_3 y_3$ der drei Eckpunkte eines Dreiecks sind gegeben, man soll daraus den Flächeninhalt dieses Dreiecks finden.

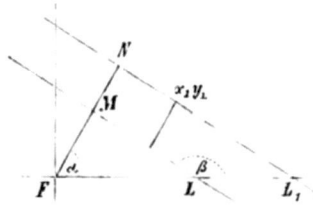

Zuerst suchen wir eine Formel, welche dazu dient, die Entfernung eines durch seine Coordinaten gegebenen Punktes von einer ebenfalls gegebenen Geraden zu berechnen. Nehmen wir an, $FM = p$ und $\angle \alpha$ seien gegeben, und L sei eine zu FM senkrechte Gerade, so ist deren Lage vollständig bestimmt, und es kommt nur darauf an, ihre Gleichung aufzustellen. Nennen wir die Coordinaten des Punktes M etwa u, v, so ist $u = p \cos \alpha$, $v = p \sin \alpha$, und die Gleichung der Geraden L heisst:

$$y - p \sin \alpha = \operatorname{tg} \beta \, (x - p \cos \alpha), \text{ oder:}$$
$$y - p \sin \alpha = -\operatorname{cotg} \alpha \, (x - p \cos \alpha), \text{ oder:}$$
$$x \cos \alpha + y \sin \alpha - p = 0.$$

Halten wir hier α unveränderlich fest, lassen wir dagegen p sich continuirlich ändern, so verschiebt sich L parallel zu seiner ersten Lage und gelangt auch einmal in die Lage L_1. Dann ist $FM = p$ in $FN = (p \pm d)$ übergegangen, wenn wir $MN = \pm d$ nennen, je nachdem es in der Richtung von p selbst, oder in der umgekehrten liegt. Die Gleichung der Geraden heisst jetzt: $x \cos \alpha + y \sin \alpha - (p \pm d) = 0$, und zugleich besteht, da L_1 durch Punkt $x_1 y_1$ geht, die Bedingungsgleichung: $x_1 \cos \alpha + y_1 \sin \alpha - (p \pm d) = 0$, woraus denn die gesuchte Entfernung d in folgender Gestalt gefunden wird: $(d = \pm (x_1 \cos \alpha + y_1 \sin \alpha - p)$.

Von den Vorzeichen ist dasjenige zu wählen, durch welches die absolute Länge d einen positiven Werth erhält. Der Satz heisst dann: Der Abstand eines Punktes von einer geraden Linie, deren Gleichung in der Normalform gegeben ist, geht aus der linken Seite dieser Gleichung dadurch hervor, dass man an die Stelle der Variablen die Coordinaten des gegebenen Punktes substituirt und das Vorzeichen des so erhaltenen Ausdrucks passend bestimmt.

Da nun die Gleichungen der geraden Linien gewöhnlich nicht in der Normalform gegeben sind, so bleibt uns noch übrig, die algebraisch allgemeinste Form in die Normalform umzuwandeln. Sollen die beiden Gleichungen $A x + B y + C = 0$ und $x \cos \alpha + y \sin \alpha - p = 0$ die nämliche Gerade bedeuten, so müssen die linken Seiten dieser Gleichungen entweder identisch gleich sein, oder doch werden, wenn man den einen Theil mit einem möglicherweise weggefallenen gemeinschaftlichen Factor multiplicirt. Wir dürfen also setzen:

$$A x + B y + C \equiv \mu (x \cos \alpha + y \sin \alpha - p),$$
$$A = \mu \cos \alpha; \quad B = \mu \sin \alpha; \quad C = - \mu p.$$
$$A^2 + B^2 = \mu^2; \quad \mu = \sqrt{A^2 + B^2}, \quad \text{und}$$
$$\frac{A x + B y + C}{\sqrt{A^2 + B^2}} = x \cos \alpha + y \sin \alpha - p.$$

Wir sagen also auch: $\dfrac{A x + B y + C}{\sqrt{A^2 + B^2}} = 0$ ist die Normalform der Gleichung einer geraden Linie. Das Vorzeichen der Wurzel ist so zu wählen, dass das constante Glied wirklich negativ wird, weil es dem Werthe $-p$ entsprechen soll.

Endlich können wir die eigentliche Aufgabe in Angriff nehmen und zuerst den senkrechten Abstand des Punktes $x_1 y_1$ von denjenigen Geraden ermitteln, welche durch die beiden anderen gegebenen Punkte $x_2 y_2$ und $x_3 y_3$ gelegt ist. Deren Gleichung heisst:

$$\begin{vmatrix} x & y & 1 \\ x_2 & y_2 & 1 \\ x_3 & y_3 & 1 \end{vmatrix} = 0; \quad \text{oder: } x(y_2 - y_3) - y(x_2 - x_3) + x_2 y_3 - x_3 y_2 = 0$$

und desswegen ist: $A = (y_2 - y_3); \quad B = -(x_2 - x_3).$

Wir gehen jetzt zur Normalform über, indem wir die aufgelöste oder die wirkliche Determinante durch $\sqrt{A^2 + B^2}$ dividiren, und leiten aus dieser Form den gesuchten senkrechten Abstand ab, indem wir statt x und y setzen x_1 und y_1. Hiernach ist:

$$d = \begin{vmatrix} x_1 & y_1 & 1 \\ x_2 & y_2 & 1 \\ x_3 & y_3 & 1 \end{vmatrix} : \sqrt{(y_2 - y_3)^2 + (x_2 - x_3)^2}.$$

Die Länge der Basis, d. h. die Entfernung des Punktes $x_1 y_1$ von $x_3 y_3$ wird nach der Formel gefunden: $b = \sqrt{(y_2 - y_3)^2 + (x_2 - x_3)^2}$ und da die Fläche des Dreiecks gleich $\frac{1}{2} d \cdot b$ ist, so finden wir schliesslich die Formel:

$$\text{Dreiecksfläche} = \frac{1}{2} \begin{vmatrix} x_1 & y_1 & 1 \\ x_2 & y_2 & 1 \\ x_3 & y_3 & 1 \end{vmatrix} . \qquad (85)$$

Beispiel. $\quad x_1 = 6; \quad x_2 = 14; \quad x_3 = 9;$

$$y_1 = 2; \quad y_2 = 4; \quad y_3 = 12:$$

$$F = \frac{1}{2} \begin{vmatrix} 6 & 2 & 1 \\ 14 & 4 & 1 \\ 9 & 12 & 1 \end{vmatrix} = 37.$$

Anmerkung. Erscheint die Fläche unter negativem Vorzeichen, so hat man nur zwei Reihen oder Colonnen zu vertauschen. Wird $F = 0$, so liegen die drei Punkte in gerader Linie.

Fünfte Aufgabe. Drei Punkte $x_1 y_1$; $x_2 y_2$; $x_3 y_3$ sind gegeben. Durch den ersten Punkt soll eine Gerade gelegt werden, welche mit derjenigen Geraden parallel ist, die durch die beiden anderen Punkte geht.

Die drei gegebenen Punkte schliessen ein bestimmtes Dreieck ein. Jeder Punkt $x y$, welcher auf der gesuchten Parallelen liegt, bildet mit den Punkten 2 und 3 ein anderes Dreieck, welches dem ersten flächengleich ist. Wir drücken diesen Zusammenhang aus durch die Gleichung:

$$\begin{vmatrix} x & y & 1 \\ x_2 & y_2 & 1 \\ x_3 & y_3 & 1 \end{vmatrix} = \begin{vmatrix} x_1 & y_1 & 1 \\ x_2 & y_2 & 1 \\ x_3 & y_3 & 1 \end{vmatrix}, \text{ oder:}$$

$$\begin{vmatrix} (x - x_1) & (y - y_1) & 0 \\ x_2 & y_2 & 1 \\ x_3 & y_3 & 1 \end{vmatrix} = 0.$$

Die beiden Determinanten sind nach §. 11 vereinigt.

Beispiel: $\quad x_1 = 10; \quad x_2 = 2; \quad x_3 = 8;$

$$y_1 = 7; \quad y_2 = 5; \quad y_3 = -6.$$

Die Gleichung der gesuchten Parallelen heisst:

$$\begin{vmatrix} (x - 10) & (y - 7) & 0 \\ 2 & 5 & 1 \\ 8 & -6 & 1 \end{vmatrix} = 0,$$

$$11 x + 6 y - 152 = 0.$$

Sechste Aufgabe. Drei gerade Linien sind durch ihre Gleichungen gegeben. Die Fläche des eingeschlossenen Dreiecks soll durch die Constanten der Gleichungen ausgedrückt werden.

Die Gleichungen der Geraden sollen heissen:

$$1) \quad a_{11} x + a_{12} y + a_{13} = 0$$
$$2) \quad a_{21} x + a_{22} y + a_{23} = 0$$
$$3) \quad a_{31} x + a_{32} y + a_{33} = 0.$$

Zu diesem System gehört wieder die folgende Determinante:

$$J = \begin{vmatrix} a_{11} & a_{12} & a_{13} \\ a_{21} & a_{22} & a_{23} \\ a_{31} & a_{32} & a_{33} \end{vmatrix}. \qquad (86)$$

Wir berechnen jetzt die Coordinaten der Schnittpunkte zwischen den drei Geraden, oder die Ecken des eingeschlossenen Dreiecks und lösen zu dem Zweck zunächst die zwei ersten Gleichungen auf. Wir finden:

$$x_{12} = \frac{\begin{vmatrix} -a_{13} & a_{12} \\ -a_{23} & a_{22} \end{vmatrix}}{\begin{vmatrix} a_{11} & a_{12} \\ a_{21} & a_{22} \end{vmatrix}} = \frac{\begin{vmatrix} a_{12} & a_{13} \\ a_{22} & a_{23} \end{vmatrix}}{\begin{vmatrix} a_{11} & a_{12} \\ a_{21} & a_{22} \end{vmatrix}} = \frac{A_{31}}{A_{33}}$$

$$y_{12} = \frac{\begin{vmatrix} a_{11} & -a_{13} \\ a_{21} & -a_{23} \end{vmatrix}}{\begin{vmatrix} a_{11} & a_{12} \\ a_{21} & a_{22} \end{vmatrix}} = \frac{-\begin{vmatrix} a_{11} & a_{13} \\ a_{21} & a_{23} \end{vmatrix}}{\begin{vmatrix} a_{11} & a_{12} \\ a_{21} & a_{22} \end{vmatrix}} = \frac{A_{32}}{A_{33}}.$$

Ebenso finden wir für die übrigen Ecken:

$$x_{13} = \frac{A_{21}}{A_{23}}, \quad y_{13} = \frac{A_{22}}{A_{23}}; \quad x_{23} = \frac{A_{11}}{A_{13}}; \quad y_{23} = \frac{A_{12}}{A_{13}}.$$

Wird die Formel (85) auf diese Punkte angewendet, so erhält man:

$$F = \frac{1}{2} \begin{vmatrix} \dfrac{A_{11}}{A_{13}} & \dfrac{A_{12}}{A_{13}} & 1 \\ \dfrac{A_{21}}{A_{23}} & \dfrac{A_{22}}{A_{23}} & 1 \\ \dfrac{A_{31}}{A_{33}} & \dfrac{A_{32}}{A_{33}} & 1 \end{vmatrix} = \frac{1}{2} \frac{\begin{vmatrix} A_{11} & A_{12} & A_{13} \\ A_{21} & A_{22} & A_{23} \\ A_{31} & A_{32} & A_{33} \end{vmatrix}}{A_{13} \cdot A_{23} \cdot A_{33}}.$$

Die Zählerdeterminante ist die adjungirte von (86) und, weil vom dritten Grade, dem Quadrat jener gleich. Der Nenner ist das Produkt aus den drei Unterdeterminanten der dritten Colonne. Vom Vorzeichen abgesehen, nimmt dieser Ausdruck die folgende Form an:

$$F = \cfrac{\frac{1}{2} \begin{array}{ccc} a_{11} & a_{12} & a_{13} \\ a_{21} & a_{22} & a_{23} \\ a_{31} & a_{32} & a_{33} \end{array}}{\begin{vmatrix} a_{21} & a_{22} \\ a_{31} & a_{32} \end{vmatrix} \begin{vmatrix} a_{11} & a_{12} \\ a_{31} & a_{32} \end{vmatrix} \begin{vmatrix} a_{11} & a_{12} \\ a_{21} & a_{22} \end{vmatrix}} \tag{87}$$

Verschwindet der Zähler dieses Werthes, so verschwindet auch F. und die drei Geraden schneiden sich in dem nämlichen Punkte. Verschwindet dagegen eine der Nennerdeterminanten, so ist das betreffende Linienpaar parallel, weil dann F unendlich wird.

Siebente Aufgabe. Drei gerade Linien sind durch ihre Gleichungen gegeben, man soll die Bedingung aufsuchen, unter der sie sich in dem nämlichen Punkte schneiden.

Wir haben eben gesehen, dass in diesem Falle die vorhergehende Determinante verschwinden muss, geben aber doch für den Satz einen selbstständigen Beweis. Die Gleichungen der drei Geraden mögen sein:

$$A_1 x + B_1 y + C_1 = 0; \; A_2 x + B_2 y + C_2 = 0; \; A_3 x + B_3 y + C_3 = 0.$$

Sollen diese drei Gleichungen durch die Coordinaten eines gemeinschaftlichen Punktes befriedigt werden können, so muss ihre Determinante verschwinden und sein:

$$\begin{vmatrix} A_1 & B_1 & C_1 \\ A_2 & B_2 & C_2 \\ A_3 & B_3 & C_3 \end{vmatrix} = 0. \tag{88}$$

Das Verschwinden dieser Determinante lässt noch eine andere Deutung zu. Wir werden nämlich in den Stand gesetzt zu behaupten, dass die folgenden drei Gleichungen zwischen den Unbekannten λ, μ und ν zusammen bestehen können.

$$A_1 \lambda + A_2 \mu + A_3 \nu = 0$$
$$B_1 \lambda + B_2 \mu + B_3 \nu = 0 \tag{89}$$
$$C_1 \lambda + C_2 \mu + C_3 \nu = 0.$$

Multiplicirt man nun die erste Gleichung der drei Geraden mit λ, die zweite mit μ und die dritte mit ν, und addirt dieselben, so erhält man:

$$(A_1 \lambda + A_2 \mu + A_3 \nu) x + (B_1 \lambda + B_2 \mu + B_3 \nu) y + (C_1 \lambda + C_2 \mu + C_3 \nu) = 0.$$

Da nun die Gleichungen (89) möglich sein müssen, wenn die Determinante (88) verschwindet, so muss man, wenn die drei Geraden durch den nämlichen Punkt gehen, stets drei Werthe λ, μ

und r finden können, welche so beschaffen sind, dass, wenn man die drei Gleichungen damit multiplicirt und dann addirt, der Coefficient von x, der Coefficient von y und auch die Constante für sich verschwindet. Oft gelingt es, die Werthe dieser Coefficienten leicht zu erkennen, und dann ist diese Beweisform ausserordentlich einfach.

Beispiel. $3x + 7y - 5 = 0$; $5x - 2y - 3 = 0$; $9x - 20y + 1 = 0$ sind die Gleichungen von drei Geraden, welche sich in dem Punkt $x = \frac{31}{41}$, $y = \frac{16}{41}$ durchschneiden. Die Determinante ihrer Gleichungen verschwindet. Wird die erste mit 2, die zweite mit -3, die dritte mit 1 multiplicirt, so verschwindet die Summe der drei Gleichungen identisch.

Achte Aufgabe. Zwei gerade Linien sind durch ihre Gleichungen gegeben:

$$L_1 = A_1 x + B_1 y + C_1 = 0; \quad L_2 = A_2 x + B_2 y + C_2 = 0.$$

Multiplicirt man die eine Gleichung mit μ, die andere mit λ, oder die eine mit 1 und die zweite mit λ und addirt sie, so entsteht eine neue Gleichung:

$$L_3 = (A_1 x + B_1 y + C_1) + \lambda (A_2 x + B_2 y + C_2) = 0,$$

welche ebenfalls eine gerade Linie bedeutet. Es soll bewiesen werden, dass sich die drei Geraden in einem Punkte schneiden.

Die Determinante dieser drei Gleichungen heisst:

$$\varDelta = \begin{vmatrix} A_1 & B_1 & C_1 \\ A_2 & B_2 & C_2 \\ (A_1 + \lambda A_2) & (B_1 + \lambda B_2) & (C_1 + \lambda C_2) \end{vmatrix}$$

Wird die zweite Reihe mit λ multiplicirt und von der dritten abgezogen, so werden zwei Reihen gleich, und die Determinante verschwindet, d. h. die drei Geraden gehen durch den nämlichen Punkt.

Neunte Aufgabe. Zu beweisen, dass die drei Transversalen, welche aus den Ecken eines Dreiecks nach den Mittelpunkten der gegenüberliegenden Seiten gezogen werden, sich in dem nämlichen Punkte durchschneiden.

Die Eckpunkte des Dreiecks mögen sein: $x_1 y_1$; $x_2 y_2$; $x_3 y_3$. Die Coordinaten des Mittelpunktes der Seite 2—3 sind dann: $x_4 = \frac{1}{2}(x_2 + x_3)$, $y_4 = \frac{1}{2}(y_2 + y_3)$, und die Gleichung der Transversalen aus der Ecke $x_1 y_1$ nach diesem Punkte $x_4 y_4$ heisst:

$$T_1 = y(2x_1 - x_2 - x_3) + x(y_2 + y_3 - 2y_1) + y_1 x_2 + y_1 x_3$$
$$- x_1 y_2 - x_1 y_3 = 0.$$

Durch Vertauschen der Indices 1 mit 2 und 1 mit 3 gehen daraus die Gleichungen der beiden anderen Transversalen hervor:

$$T_2 = y\,(2\,x_2 - x_1 - x_3) + x\,(y_1 + y_3 - 2\,y_2) + y_2\,x_1 + y_2\,x_3$$
$$- x_2\,y_1 - x_2\,y_3 = 0.$$
$$T_3 = y\,(2\,x_3 - x_1 - x_2) + x\,(y_1 + y_2 - 2\,y_3) + y_3\,x_2 + y_3\,x_1$$
$$- x_3\,y_2 - x_3\,y_1 = 0.$$

Addirt man in der Determinante dieser drei Gleichungen die erste und zweite Reihe zur dritten, so verschwindet diese und mit ihr die Determinante selbst.

Zehnte Aufgabe. Es soll bewiesen werden, dass die drei Senkrechten, welche in den Mitten der Seiten eines Dreiecks errichtet werden können, sich in dem nämlichen Punkte schneiden. Die Coordinaten der Eckpunkte mögen wieder $x_1\,y_1$; $x_2\,y_2$; $x_3\,y_3$ heissen, die Coordinaten des Mittelpunktes zwischen 1 und 2 sind dann $x_{12} = \frac{1}{2}\,(x_1 + x_2)$, $y_{12} = \frac{1}{2}\,(y_1 + y_2)$. Die Gerade, welche durch diesen Punkt senkrecht zur Seite $(1-2)$ gezogen wird, hat die Gleichung:

$$P_{12} = 2\,y\,(y_1 - y_2) + 2\,x\,(x_1 - x_2) - y_1^2 + y_2^2 - x_1^2 + x_2^2 = 0.$$

Durch Vertauschung der Indices gehen daraus die Gleichungen der anderen Senkrechten hervor. Dieselben heissen:

$$P_{13} = 2\,y\,(y_1 - y_3) + 2\,x\,(x_1 - x_3) - y_1^2 + y_3^2 - x_1^2 + x_3^2 = 0.$$
$$P_{23} = 2\,y\,(y_3 - y_2) + 2\,x\,(x_3 - x_2) - y_3^2 + y_2^2 - x_3^2 + x_2^2 = 0.$$

Wir betrachten jetzt $2\,x$ und $2\,y$ als Variablen dieser drei Gleichungen. Ihre Determinante verschwindet.

Elfte Aufgabe. Es ist zu beweisen, dass sich die drei Höhen eines Dreiecks in dem nämlichen Punkte durchschneiden. Die Ecken des Dreiecks sind: $x_1\,y_1$, $x_2\,y_2$, $x_3\,y_3$. Die Höhe aus der Ecke 1 auf die Seite $(2-3)$ hat dann die Gleichung:

$$H_1 = y\,(y_2 - y_3) + x\,(x_2 - x_3) - y_1\,y_2 + y_1\,y_3 - x_1\,x_2 + x_1\,x_3 = 0.$$

Werden die Indices 1 und 2, sowie 1 und 3 vertauscht, so gehen daraus die Gleichungen der beiden anderen Höhen hervor:

$$H_2 = y\,(y_1 - y_3) + x\,(x_1 - x_3) - y_2\,y_1 + y_2\,y_3 - x_2\,x_1 + x_2\,x_3 = 0.$$
$$H_3 = y\,(y_2 - y_1) + x\,(x_2 - x_1) - y_3\,y_2 + y_3\,y_1 - x_3\,x_2 + x_3\,x_1 = 0.$$

Es ist nicht schwer nachzuweisen, dass die Determinante dieser drei Gleichungen verschwindet.

Zwölfte Aufgabe. Es soll bewiesen werden, dass die drei Winkelhalbirungslinien eines Dreiecks durch einen und denselben Punkt gehen.

Für diese Aufgabe ist es zweckmässig, die Gleichungen der drei Seiten, als in der Normalform gegeben, anzunehmen, und zwar unter der Voraussetzung, dass der Anfangspunkt des Coordinatensystems innerhalb des Dreiecks liege. Sie heissen dann:

$$N_1 = x \cos \alpha_1 + y \sin \alpha_1 - p_1 = 0$$
$$N_2 = x \cos \alpha_2 + y \sin \alpha_2 - p_2 = 0$$
$$N_3 = x \cos \alpha_3 + y \sin \alpha_3 - p_3 = 0.$$

Den Winkelhalbirungslinien entsprechen dann die folgenden Gleichungen:

$$W_{12} = N_1 - N_2 = x(\cos \alpha_1 - \cos \alpha_2) + y(\sin \alpha_1 - \sin \alpha_2) - (p_1 - p_2) = 0.$$
$$W_{13} = N_1 - N_3 = x(\cos \alpha_1 - \cos \alpha_3) + y(\sin \alpha_1 - \sin \alpha_3) - (p_1 - p_3) = 0.$$
$$W_{23} = N_2 - N_3 = x(\cos \alpha_2 - \cos \alpha_3) + y(\sin \alpha_2 - \sin \alpha_3) - (p_2 - p_3) = 0.$$

Der Beweis, dass die Determinante dieser drei Gleichungen verschwindet, ist äusserst leicht. Multiplicirt man übrigens die zweite Gleichung mit —1, so verschwindet die Summe der drei Gleichungen identisch. Dasselbe ist auch bei den symbolischen Formen:

$$N_1 - N_2 = 0; \quad N_3 - N_1 = 0; \quad N_2 - N_3 = 0$$

der Fall, deren Summe ebenfalls identisch gleich Null ist.

Dreizehnte Aufgabe. Ein Punkt und eine gerade Linie sind gegeben. Die Gleichung der Geraden soll gefunden werden, welche durch den gegebenen Punkt parallel oder senkrecht zur gegebenen gelegt ist.

Die Coordinaten des gegebenen Punktes mögen $x_1\, y_1$, die Gleichung der gegebenen Geraden mag $A_1 x + B_1 y + C_1 = 0$ heissen. Verstehen wir unter:

$$1) \quad A x + B y + C = 0$$

die Gleichung der gesuchten Geraden, so bleibt A, B, C noch zu bestimmen. Da dieselbe durch $x_1\, y_1$ geht, so besteht die Bedingungsgleichung:

$$2) \quad A x_1 + B y_1 + C = 0$$

und da sie ferner parallel zur gegebenen ist, so muss auch

$$3) \quad A B_1 - A_1 B = 0$$

sein. Sollen diese drei Gleichungen für A, B und C zugleich bestehen können, so muss:

$$\begin{vmatrix} x & y & 1 \\ x_1 & y_1 & 1 \\ B_1 & -A_1 & 0 \end{vmatrix} = 0$$

sein. Die aufgelöste Determinante ist die gesuchte Gleichung.

Soll die gesuchte Gerade senkrecht zur gegebenen sein, so ändert sich nur die dritte Bedingungsgleichung und geht über in:

$$4) \cdot A A_1 + B B_1 = 0,$$

und damit wandelt sich auch die Determinante in die folgende um:

$$\begin{vmatrix} x & y & 1 \\ x_1 & y_1 & 1 \\ A_1 & B_1 & 0 \end{vmatrix} = 0.$$

Beispiel. Wenn $x_1 = 2$, $y_1 = 5$ und $4x + 7y - 12 = 0$ gegeben sind, so ist:

$$\begin{vmatrix} x & y & 1 \\ 2 & 5 & 1 \\ 7 & -4 & 0 \end{vmatrix} = 0; \qquad \begin{vmatrix} x & y & 1 \\ 2 & 5 & 1 \\ 4 & 7 & 0 \end{vmatrix} = 0.$$

Es ist $4x + 7y - 43 = 0$ die Parallele, und $7x - 4y + 6 = 0$ die Senkrechte.

Vierzehnte Aufgabe. Die Seiten eines Dreiecks sind durch ihre Gleichungen:

$$L_1 = A_1 x + B_1 y + C_1 = 0$$
$$L_2 = A_2 x + B_2 y + C_2 = 0$$
$$L_3 = A_3 x + B_3 y + C_3 = 0$$

gegeben. Durch den Schnittpunkt der beiden ersten soll eine Gerade gelegt werden, welche zur dritten senkrecht oder parallel ist, wie heisst ihre Gleichung?

Die Gleichung einer jeden Geraden, welche durch den Schnittpunkt von L_1 mit L_2 geht, ist von der Form:

$$1) \quad (A_1 x + B_1 y + C_1) + \lambda (A_2 x + B_2 y + C_2) = 0.$$

Die besondere Lage dieser neuen Geraden wird durch die Wahl des Factors λ bestimmt. Soll sie senkrecht zur dritten sein, so muss das Produkt der Coefficienten von x plus dem Produkt der Coefficienten von y gleich Null sein, oder es muss die Relation bestehen: $(A_1 + \lambda A_2) A_3 + (B_1 + \lambda B_2) B_3 = 0$. Diese Relation bringen wir auf die Form:

$$2) \quad (A_1 A_3 + B_1 B_3) + \lambda (A_2 A_3 + B_2 B_3) = 0.$$

Sollen die Gleichungen 1) und 2) für den nämlichen Werth von λ bestehen können, so muss ihre Determinante verschwinden:

$$\begin{vmatrix} (A_1 x + B_1 y + C_1) & (A_2 x + B_2 y + C_2) \\ (A_1 A_3 + B_1 B_3) & (A_2 A_3 + B_2 B_3) \end{vmatrix} = 0.$$

Soll dagegen diese neue Linie nicht senkrecht, sondern parallel zur dritten sein, so ist nothwendig, dass

3) $\quad (A_1 B_3 - A_3 B_1) + \lambda (A_2 B_3 - A_3 B_2) = 0.$

Wird diese Relation mit der ersten verbunden, so geht folgende Gleichung daraus hervor:

$$\left| \begin{array}{cc} (A_1 x + B_1 y + C_1) & (A_1 B_3 - A_3 B_1) \\ (A_2 x + B_2 x + C_2) & (A_2 B_3 - A_3 B_2) \end{array} \right| = 0.$$

Beispiel: $L_1 = 3x - 4y + 14 = 0$; $L_2 = 2x + 3y - 19 = 0$; $L_3 = x + 6y - 9 = 0.$

$$\left| \begin{array}{cc} (3x - 4y + 14). & -21 \\ (2x + 3y - 19), & 20 \end{array} \right| = 0; \quad \left| \begin{array}{cc} (3x - 4y + 14), & 22 \\ (2x + 3y - 19), & 9 \end{array} \right| = 0,$$

oder: $\quad 102x - 17y - 119 = 0$ und $17x + 102y - 544 = 0$ sind die Gleichungen der Senkrechten und der Parallelen.

Fünfzehnte Aufgabe. Man soll beweisen, dass die Polare eines Kreises sich um einen festen Punkt dreht, wenn der Pol sich auf einer geraden Linie bewegt.

Die Gleichung des Kreises sei $x^2 + y^2 - r^2 = 0$. Wir wählen zwei feste Punkte $\alpha_1 \beta_1$, $\alpha_2 \beta_2$ und einen beweglichen $\alpha \beta$. Die Gleichungen der Polaren, welche durch diese drei Punkte zu dem Kreise gezogen werden, heissen:

$$x\alpha + y\beta - r^2 = 0$$
$$x\alpha_1 + y\beta_1 - r^2 = 0$$
$$x\alpha_2 + y\beta_2 - r^2 = 0,$$

wozu bemerkt wird, dass $x\,y$ die Variablen der Gleichungen sind, während $\alpha\beta$, $\alpha_1 \beta_1$, $\alpha_2 \beta_2$ als durch Wahl bestimmte Constanten anzusehen sind. Sollen die drei Punkte in gerader Linie bleiben, d. h. $\alpha\beta$ auf der geraden Verbindung der beiden anderen Pole sich bewegen, so muss die Bedingung erfüllt sein:

$$\left| \begin{array}{ccc} \alpha & \beta & 1 \\ \alpha_1 & \beta_1 & 1 \\ \alpha_2 & \beta_2 & 1 \end{array} \right| = 0.$$

Wird die letzte Colonne mit $-r^2$ multiplicirt, so erhält man:

$$\left| \begin{array}{ccc} \alpha & \beta & -r^2 \\ \alpha_1 & \beta_1 & -r^2 \\ \alpha_2 & \beta_2 & -r^2 \end{array} \right| = 0,$$

oder die Bedingung dafür, dass die bewegliche Polare stets durch den Schnittpunkt der beiden festen geht.

Sechszehnte Aufgabe. Es ist zu beweisen, dass die drei Chordalen dreier Kreise durch den nämlichen Punkt gehen.

Wir wollen annehmen, die Gleichungen der drei Kreise seien in der folgenden Form gegeben:

$$K_1 = x^2 + y^2 + m_1 x + n_1 y + p_1 = 0$$
$$K_2 = x^2 + y^2 + m_2 x + n_2 y + p_2 = 0$$
$$K_3 = x^2 + y^2 + m_3 x + n_3 y + p_3 = 0.$$

Zieht man die Gleichungen zweier Kreise von einander ab, so erhält man die Gleichung einer geraden Linie. Schneiden sich die Kreise, so ist diese Gerade die gemeinschaftliche Sehne, allgemein heisst sie Chordale. Hiernach sind die Gleichungen der drei Chordalen:

$$C_{12} = K_1 - K_2 = (m_1 - m_2) x + (n_1 - n_2) y + (p_1 - p_2) = 0$$
$$C_{31} = K_3 - K_1 = (m_3 - m_1) x + (n_3 - n_1) y + (p_3 - p_1) = 0$$
$$C_{23} = K_2 - K_3 = (m_2 - m_3) x + (n_2 - n_3) y + (p_2 - p_3) = 0.$$

Dass die Determinante dieser drei Gleichungen verschwindet, kann leicht nachgewiesen werden.

Ein noch kürzerer Beweis ist der folgende: In symbolischer Form heissen die Gleichungen der drei Chordalen: $K_1 - K_2 = 0$, $K_2 - K_3 = 0$, $K_3 - K_1 = 0$. Da diese Summe identisch verschwindet, so gehen die drei Geraden durch den nämlichen Punkt.

Siebenzehnte Aufgabe. Ein Kreis ist durch drei seiner Punkte gegeben. Man soll seine Gleichung aufstellen.

Die Coordinaten der gegebenen Punkte sollen $x_1 y_1$, $x_2 y_2$, $x_3 y_3$ sein. Die allgemeinste Form der Kreisgleichung heisst:

$$1)\quad A (x^2 + y^2) + B x + C y + D = 0.$$

Soll dieser Kreis durch die gegebenen Punkte gehen, so müssen die Constanten A, B, C, D folgenden Bedingungen entsprechen:

$$2)\quad A (x_1^2 + y_1^2) + B x_1 + C y_1 + D = 0$$
$$3)\quad A (x_2^2 + y_2^2) + B x_2 + C y_2 + D = 0$$
$$4)\quad A (x_3^2 + y_3^2) + B x_3 + C y_3 + D = 0.$$

Das gleichzeitige Bestehen dieser vier homogenen Gleichungen bedingt das Verschwinden ihrer Determinante:

$$\begin{vmatrix} (x^2 + y^2) & x & y & 1 \\ (x_1^2 + y_1^2) & x_1 & y_1 & 1 \\ (x_2^2 + y_2^2) & x_2 & y_2 & 1 \\ (x_3^2 + y_3^2) & x_3 & y_3 & 1 \end{vmatrix} = 0.$$

6

Der gemeinsame Coefficient von x^2 und y^2 ist die Unterdeterminante:

$$\begin{vmatrix} x_1 & y_1 & 1 \\ x_2 & y_2 & 1 \\ x_3 & y_3 & 1 \end{vmatrix}.$$

Verschwindet diese, so fallen in der entwickelten Determinante die quadratischen Glieder weg und die Gleichung ist nur noch vom ersten Grade. Sie bedeutet dann eine gerade Linie. Das Verschwinden dieser Unterdeterminante ist aber auch die Bedingung dafür, dass die drei gegebenen Punkte in gerader Linie liegen.

Achtzehnte Aufgabe. Durch drei Punkte eines Kreises sind Tangenten gelegt und die Ecken des Tangentendreiecks mit den gegenüber liegenden Berührungspunkten verbunden. Zu beweisen, dass sich diese drei Transversalen in einem einzigen Punkte schneiden.

Die Gleichung des Kreises soll $x^2 + y^2 - r^2 = 0$ heissen, die gegebenen Berührungspunkte sollen $x_1 y_1$, $x_2 y_2$, $x_3 y_3$ sein. Den drei Tangenten entsprechen dann die Gleichungen:

$$t_1 = x_1 x + y_1 y - r^2 = 0$$
$$t_2 = x_2 x + y_2 y - r^2 = 0$$
$$t_3 = x_3 x + y_3 y - r^2 = 0.$$

Die Gleichung derjenigen Transversalen, welche den Berührungspunkt $x_1 y_1$ mit dem Schnittpunkt von t_2 mit t_3 verbindet, hat die Gleichung:

$$u_1 = t_2 + \lambda t_3 = (x_2 x + y_2 y - r^2) + \lambda (x_3 x + y_3 y - r^2) = 0,$$

worin λ ein noch nicht bestimmter Factor ist. Dieser muss der Bedingung gemäss gewählt werden, dass u_1 durch $x_1 y_1$ gehen soll, d. h. es muss sein:

$$(x_1 x_2 + y_1 y_2 - r^2) + \lambda (x_1 x_3 + y_1 y_3 - r^2) = 0,$$

oder: $$\lambda = - \frac{x_1 x_2 + y_1 y_2 - r^2}{x_1 x_3 + y_1 y_3 - r^2} = - \frac{(t_2)_{x_1 y_1}}{(t_3)_{x_1 y_1}}.$$

Wird dieser Werth in u_1 substituirt, so erhält man:

$$u_1 = (x_2 x + y_2 y - r^2) \cdot (x_1 x_3 + y_1 y_3 - r^2) - (x x_3 + y y_3 - r^2)$$
$$\cdot (x_1 x_2 + y_1 y_2 - r^2) = 0,$$

oder in symbolischer Form:

1) $$u_1 = t_2 \cdot (t_3)_{x_1 y_1} - t_3 \cdot (t_2)_{x_1 y_1} = 0.$$

Wird Index 1 mit 2, sowie auch mit 3 vertauscht, so erhält man die beiden anderen Transversalen.

$$2) \quad u_2 = t_1 \cdot (t_3)_{x_2 y_2} - t_3 \cdot (t_1)_{x_2 y_2} = 0$$
$$3) \quad u_3 = t_2 \cdot (t_1)_{x_3 y_3} - t_1 \cdot (t_2)_{x_3 y_3} = 0.$$

Zur Abkürzung wollen wir setzen:

$$(t_3)_{x_2 y_2} = (t_2)_{x_3 y_3} = a; \quad (t_3)_{x_1 y_1} = (t_1)_{x_3 y_3} = b;$$
$$(t_1)_{x_2 y_2} = (t_2)_{x_1 y_1} = c.$$

Unsere drei Gleichungen gestalten sich jetzt folgendermassen:

$$u_1 = \quad 0 \cdot t_1 - b \cdot t_2 + c \cdot t_3 = 0$$
$$u_2 = \quad a \cdot t_1 + 0 \cdot t_2 - c \cdot t_3 = 0$$
$$u_3 = - a \cdot t_1 + b \cdot t_2 + 0 \cdot t_3 = 0.$$

Weil die Determinante dieser drei Gleichungen verschwindet, gehen die drei Transversalen durch den nämlichen Punkt.

Neunzehnte Aufgabe. Wird an eine Parabel durch den Punkt $x_1 y_1$ eine Tangente gelegt und vom Brennpunkt eine Senkrechte zu dieser Tangente gezogen, so schneiden sich beide auf der durch den Scheitel der Curve gezogenen Tangente.

Ist $y^2 - 2px = 0$ die Parabelgleichung, so heisst die Gleichung einer durch $x_1 y_1$ gezogenen Tangente:

$$1) \quad y y_1 - p x - p x_1 = 0.$$

Die Gleichung der Senkrechten vom Brennpunkt nach dieser Tangente heisst:

$$2) \quad 2p y + 2 y_1 x - p y_1 = 0.$$

In dem gewählten Systeme fällt die Scheiteltangente mit der $y = $ Achse zusammen und hat die Gleichung:

$$3) \quad x = 0.$$

Diese drei Geraden gehen stets durch den nämlichen Punkt, weil ihre Determinante:

$$\begin{vmatrix} y_1 & -p & -p x_1 \\ 2p & 2 y_1 & -p y_1 \\ 0 & 1 & 0 \end{vmatrix} = 0.$$

Zwanzigste Aufgabe. Durch drei Punkte einer Parabel, $x_1 y_1$, $x_2 y_2$, $x_3 y_3$ sind Tangenten gelegt. Man soll beweisen, dass das Dreieck, welches von diesen Tangenten eingeschlossen wird, an Fläche halb so gross ist, als das Dreieck, welches entsteht, wenn man die drei Berührungspunkte verbindet.

Wird $y^2 = 2px$ als Parabelgleichung angenommen, so können die Abscissen der Berührungspunkte durch:

$$x_1 = \frac{y_1{}^2}{2p}; \quad x_2 = \frac{y_2{}^2}{2p}; \quad x_3 = \frac{y_3{}^2}{2p}$$

ausgedrückt werden, und dann finden wir für die Fläche des Sehnendreiecks folgenden Ausdruck:

$$F = \frac{1}{4p} \begin{vmatrix} y_1{}^2 & y_1 & 1 \\ y_2{}^2 & y_2 & 1 \\ y_3{}^2 & y_3 & 1 \end{vmatrix}.$$

Um eine Formel für das zwischen den Tangenten gelegene Dreieck aufstellen zu können, stellen wir zuerst die Gleichungen dieser Tangenten her. Sie heissen:

1) $p\,x - y_1\,y + p\,x_1 = 0$

2) $p\,x - y_2\,y + p\,x_2 = 0$

3) $p\,x - y_3\,y + p\,x_3 = 0.$

Sieht man vom Vorzeichen ab, so gestaltet sich die Fläche des eingeschlossenen Dreiecks nach Aufgabe 6 folgendermassen:

$$f = \frac{\dfrac{1}{2}\begin{vmatrix} p & -y_1 & p\,x_1 \\ p & -y_2 & p\,x_2 \\ p & -y_3 & p\,x_3 \end{vmatrix}^2}{\begin{vmatrix} p & -y_1 \\ p & -y_2 \end{vmatrix} \cdot \begin{vmatrix} p & -y_1 \\ p & -y_3 \end{vmatrix} \begin{vmatrix} p & -y_2 \\ p & -y_3 \end{vmatrix}} = \frac{\dfrac{1}{8p}\begin{vmatrix} y_1{}^2 & y_1 & 1 \\ y_2{}^2 & y_2 & 1 \\ y_3{}^2 & y_3 & 1 \end{vmatrix}^2}{\begin{vmatrix} y_1 & 1 \\ y_2 & 1 \end{vmatrix} \cdot \begin{vmatrix} y_1 & 1 \\ y_3 & 1 \end{vmatrix} \cdot \begin{vmatrix} y_2 & 1 \\ y_3 & 1 \end{vmatrix}}.$$

Daraus ergibt sich durch Division:

$$\frac{f}{F} = \frac{\dfrac{1}{2} \cdot \begin{vmatrix} y_1{}^2 & y_1 & 1 \\ y_2{}^2 & y_2 & 1 \\ y_3{}^2 & y_3 & 1 \end{vmatrix}}{(y_1 - y_2)\,(y_1 - y_3)\,(y_2 - y_3)} = \frac{\dfrac{1}{2}\begin{vmatrix} (y_1{}^2 - y_2{}^2), & (y_1 - y_2) & 0 \\ (y_2{}^2 - y_3{}^2), & (y_2 - y_3) & 0 \\ y_3{}^2 & y_3 & 1 \end{vmatrix}}{(y_1 - y_2)\,(y_1 - y_3)\,(y_2 - y_3)}$$

$$\frac{f}{F} = \frac{\dfrac{1}{2}\begin{vmatrix} (y_1{}^2 - y_2{}^2), & (y_1 - y_2) \\ (y_2{}^2 - y_3{}^2), & (y_2 - y_3) \end{vmatrix}}{(y_1 - y_2)\,(y_1 - y_3)\,(y_2 - y_3)} = \frac{\dfrac{1}{2}\begin{vmatrix} (y_1 + y_2), & 1 \\ (y_2 + y_3), & 1 \end{vmatrix}}{(y_1 - y_3)} = \frac{1}{2}$$

Einundzwanzigste Aufgabe. Es soll die Bedingung dafür aufgefunden werden, dass die allgemeine Gleichung zweiten Grades zwischen zwei Variablen zwei gerade Linien bedeutet.

Die allgemeine Gleichung zweiten Grades mag heissen:

1) $A\,x^2 + 2\,B\,xy + C\,y^2 + 2\,D\,x + 2\,E\,y + F = 0.$

Die Gleichung einer Geraden mag hier von der Form sein: $u\,x + v\,y + 1 = 0$, worin $x\,y$ die Variablen sind. Zwei bestimmten geraden Linien entsprechen mithin die Gleichungen:

2) $u_1\,x + v_1\,y + 1 = 0;$ 3) $u_2\,x + v_2\,y + 1 = 0.$

Soll 1) diese beiden Geraden vorstellen, so muss sie dem Produkt dieser beiden Gleichungen identisch gleich sein, und wir erhalten· wenn wir einen etwa weggefallenen gemeinschaftlichen Factor noch zufügen, die folgende Relation:

$$A x^2 + 2 B x y + C y^2 + 2 D x + 2 E y + F$$
$$\lambda (u_1 x + v_1 y + 1) . (u_2 x + v_2 y + 1).$$

und daraus durch Vergleich nachstehende Gleichungen:

$$A = \frac{\lambda}{2} (u_1 u_2 + u_1 u_2); \qquad D = \frac{\lambda}{2} (u_1 + u_2)$$

$$B = \frac{\lambda}{2} (u_1 v_2 + v_1 u_2); \qquad E = \frac{\lambda}{2} (v_1 + v_2)$$

$$C = \frac{\lambda}{2} (v_1 v_2 + v_1 v_2); \qquad F = \frac{\lambda}{2} (1 + 1).$$

Es kommt nun darauf an, aus diesen sechs Gleichungen die noch unbestimmten Constanten λ, u_1, v_1, u_2, v_2 zu eliminiren, um so eine Bedingungsgleichung zwischen den Constanten der gegebenen Gleichung zu erhalten. Verstehen wir unter $x_1 y_1$ den Schnittpunkt der beiden Geraden, so bestehen die Bedingungsgleichungen:

4) $u_1 x_1 + v_1 y_1 + 1 = 0$;   5) $u_2 x_1 + v_2 y_1 + 1 = 0$.

Durch Multiplicationen mit den Werthen $x_1 y_1$ und geeignete Verbindungen erhält man nachstehende Gleichungen:

$$A x_1 + B y_1 + D = \frac{\lambda}{2} [u_1 (u_2 x_1 + v_2 y_1 + 1) + u_2 (u_1 x_1 + v_1 y_1 + 1)]$$

$$B x_1 + C y_1 + E = \frac{\lambda}{2} [v_1 (u_2 x_1 + v_2 y_1 + 1) + v_2 (u_1 x_1 + v_1 y_1 + 1)]$$

$$D x_1 + E y_1 + F = \frac{\lambda}{2} [v_1 (u_2 x_1 + v_2 y_1 + 1) + v_2 (u_1 x_1 + v_1 y_1 + 1)].$$

In diesen drei Gleichungen verschwinden die rechten Seiten in Folge der Relationen 4) und 5), und wir erhalten:

$$A x_1 + B y_1 + D = 0$$
$$B x_1 + C y_1 + E = 0$$
$$D x_1 + E y_1 + F = 0.$$

Sollen endlich diese drei Gleichungen zusammen zwischen $x_1 y_1$ möglich sein, so muss ihre Determinante verschwinden, und so entsteht die Bedingung:

$$\begin{vmatrix} A & B & D \\ B & C & E \\ D & E & F \end{vmatrix} = 0.$$

Zweiundzwanzigste Aufgabe. Es soll die Bedingung dafür aufgestellt werden, dass eine gegebene Gerade einen gegebenen Kegelschnitt berührt.

Die allgemeine Gleichung eines Kegelschnittes heisst:

$$a\,x^2 + 2\,b\,x\,y + c\,y^2 + 2\,d\,x + 2\,c\,y + f = 0. \qquad (90)$$

Sind $x_1\,y_1$ und $x_2\,y_2$ zwei gegebene Punkte, so kann nach (84) ihre Verbindungslinie auch durch die folgenden Gleichungen dargestellt werden:

$$x = \frac{x_1 + \lambda\,x_2}{1 + \lambda}, \quad y = \frac{y_1 + \lambda\,y_2}{1 + \lambda}. \qquad (91)$$

Um nun die Coordinaten der Punkte zu erhalten, in welchen diese Gerade den Kegelschnitt durchschneidet, muss man diejenigen Werthe von λ ermitteln, welche, wenn sie in (91) substituirt werden, x und y zu den gesuchten Schnittpunktscoordinaten machen, und dieser Ermittelung wegen setzen wir für x und y die Werthe aus (91) in die Gleichung des Kegelschnittes. So entsteht:

$$a(x_1 + \lambda\,x_2)^2 + 2\,b(x_1 + \lambda\,x_2)(y_1 + \lambda\,y_2) + c(y_1 + \lambda\,y_2)^2 \quad (92)$$
$$+ 2\,d(x_1 + \lambda\,x_2)(1 + \lambda) + 2\,e(y_1 + \lambda\,y_2)(1 + \lambda) + f(1 + \lambda)^2 = 0,$$

oder nach λ geordnet:

$$A\,\lambda^2 + 2\,B\,\lambda + C = 0, \quad \text{indem} \qquad (93)$$
$$B = (a\,x_1 + b\,y_1 + d)x_2 + (b\,x_1 + c\,y_1 + e)y_2 + d\,x_1 + e\,y_1 + f,$$
$$C = a\,x_1^2 + 2\,b\,x_1\,y_1 + c\,y_1^2 + 2\,d\,x_1 + 2\,e\,y_1 + f.$$

Löst man die Gleichung (93) für λ auf, so erhält man diejenigen Werthe, welche den gesuchten Schnittpunkten entsprechen und nur noch in (91) substituirt werden müssen, um deren Coordinaten zu erhalten. Soll die durch $x_1\,y_1$, $x_2\,y_2$ gelegte Linie den Kegelschnitt berühren, so müssen die beiden Schnittpunkte zusammenfallen und demgemäss die beiden Werthe für λ gleich werden, und dann muss $B^2 - A\,C = 0$ sein. Diese Gleichung enthält demnach die Bedingung dafür, dass die beiden Punkte $x_1\,y_1$ und $x_2\,y_2$ so liegen, dass ihre Verbindungslinie die Curve berührt. Ist weiter $x_1\,y_1$ der Berührungspunkt, so müssen diese Coordinatenwerthe die Gleichung des Kegelschnitts befriedigen, d. h. $C = 0$ machen. Dann muss aber auch $B = 0$ sein, wenn $B^2 - 4\,A\,C$ verschwinden soll. Denken wir uns $x_1\,y_1$ als Berührungspunkt bestimmt gewählt, so liegen alle zweiten Punkte, welche mit $x_1\,y_1$ der Bedingung $B = 0$ genügen, auf der durch $x_1\,y_1$ gehenden Tangente, und wir dürfen $B = 0$ als die Gleichung dieser Tangente ansehen, indem $x_2\,y_2$ die Variablen bedeuten. Setzen wir statt ihrer $x\,y$, so heisst die Gleichung der durch $x_1\,y_1$ gezogenen Tangente wie folgt:

$$(ax_1 + by_1 + d)x + (bx_1 + cy_1 + e)y + dx_1 + cy_1 + f = 0. \quad (94)$$

Soll endlich die gegebene Gerade:

$$m\,x + n\,y + p = 0 \qquad (95)$$

mit einer solchen Tangente zusammenfallen, so müssen die linken Seiten der Gleichungen (94) und (95) entweder identisch gleich sein oder es werden, wenn ein etwa weggefallener gemeinsamer Factor wieder zugefügt wird. Bezeichnen wir diesen durch μ, so entsteht die folgende Identität:

$$(a\,x_1 + b\,y_1 + d)\,x + (b\,x_1 + c\,y_1 + e)\,y + d\,x_1 + c\,y_1 + f$$
$$= \mu\,(m\,x + n\,y + p),$$

und daraus gehen wieder durch Vergleich die folgenden Gleichungen hervor:

$$\begin{aligned}
&1)\quad a\,x_1 + b\,y_1 + d - m\,\mu = 0\\
&2)\quad b\,x_1 + c\,y_1 + e - n\,\mu = 0\\
&3)\quad d\,x_1 + e\,y_1 + f - p\,\mu = 0.
\end{aligned}$$

Da die gegebene Gerade auch durch den Punkt $x_1\,y_1$ gehen muss, wenn sie mit der Tangente zusammenfallen soll, so besteht die weitere Gleichung:

$$4)\quad m\,x_1 + n\,y_1 + p = 0.$$

Die Möglichkeit, dass diese vier Gleichungen zwischen den drei Unbekannten x_1, y_1 und μ zugleich bestehen können, wird durch das Verschwinden der nachstehenden Determinante bedingt:

$$\begin{vmatrix} a & b & d & -m \\ b & c & e & -n \\ d & e & f & -p \\ m & n & p & 0 \end{vmatrix} = 0. \qquad (96)$$

§. 18. Anwendung der Determinanten auf algebraische Entwickelungen.

Elimination einer Variablen aus zwei Gleichungen höheren Grades. Resultante. Es ist denkbar, dass zwei Gleichungen mit einer Unbekannten durch den nämlichen Werth der Unbekannten befriedigt werden. Entnimmt man die gemeinsame Wurzel aus der einen Gleichung, substituirt sie in die andere und bringt diese auf rationale, ganze Form, so entsteht diejenige Verbindung der Constanten, deren Verschwinden uns anzeigt, dass die beiden Gleichungen eine gemeinsame Wurzel besitzen. Die erwähnte Verbindung wird Resultante genannt.

Dieses Verfahren zur Herstellung der Resultante begegnet jedoch Schwierigkeiten, wenn die gegebenen Gleichungen beide von höherem Grade sind. Wir wollen desshalb an dem Beispiel einer Gleichung des dritten und einer des zweiten Grades eine andere Methode kennen lernen, nach welcher die Resultante immer herzustellen ist. Es seien gegeben:

$$a\,x^3 + b\,x^2 + c\,x + d = 0$$
$$\alpha\,x^2 + \beta\,x + \gamma = 0. \tag{97}$$

Da x hier nur die gemeinsame Wurzel bedeutet, so dürfen die gleich hohen Potenzen von x in beiden Gleichungen als gleichwerthig angesehen werden. Durch Multiplication der ersten mit x und 1, der zweiten mit x^2, x und 1 erhält man die fünf Gleichungen:

$$a\,x^4 + b\,x^3 + c\,x^2 + d\,x \qquad = 0$$
$$a\,x^3 + b\,x^2 + c\,x + d = 0$$
$$\alpha\,x^4 + \beta\,x^3 + \gamma\,x^2 \qquad = 0 \tag{98}$$
$$\alpha\,x^3 + \beta\,x^2 + \gamma\,x \qquad = 0$$
$$\alpha\,x^2 + \beta\,x + \gamma = 0,$$

in welchen wir x^4, x^3, x^2 durch z, u, v ersetzen und so fünf lineare Gleichungen zwischen nur vier Unbekannten erhalten, deren Determinante verschwinden muss, weil der Voraussetzung gemäss die Gleichungen zusammen bestehen können. Diese Determinante, deren Verschwinden die Existenz einer gemeinsamen Wurzel anzeigt, ist die Resultante:

$$\begin{vmatrix} a & b & c & d & 0 \\ 0 & a & b & c & d \\ \alpha & \beta & \gamma & 0 & 0 \\ 0 & \alpha & \beta & \gamma & 0 \\ 0 & 0 & \alpha & \beta & \gamma \end{vmatrix} = 0. \tag{99}$$

Um ferner auch die gemeinsame Wurzel selbst aufzusuchen, geben wir der zweiten, vierten und fünften Gleichung folgende Formen:

$$(ax + b)\,x^2 + c\,x + d = 0$$
$$(\alpha x + \beta)\,x^2 + \gamma\,x \qquad = 0 \tag{100}$$
$$\alpha\,x^2 + \beta\,x + \gamma = 0.$$

Diese drei Gleichungen zwischen den Unbekannten x^2 und x können nur zugleich bestehen, wenn x so gewählt ist, dass die folgende Determinante verschwindet:

$$\begin{vmatrix} (ax + b) & c & d \\ (\alpha x + \beta) & \gamma & 0 \\ \alpha & \beta & \gamma \end{vmatrix} = 0. \tag{101}$$

Sie zerfällt nach §. 11 in die nachfolgenden Theile, aus welchen x leicht zu finden ist:

$$\begin{vmatrix} a & c & d \\ a & \gamma & 0 \\ 0 & \beta & \gamma \end{vmatrix} x + \begin{vmatrix} b & c & d \\ \beta & \gamma & 0 \\ a & \beta & \gamma \end{vmatrix} = 0. \qquad (102)$$

Beispiel:
$$3x^3 + 5x^2 - 26x + 8 = 0$$
$$4x^2 - 9x + 2 = 0.$$

$$\text{Res.} = \begin{vmatrix} 3 & 5 & -26 & 8 & 0 \\ 0 & 3 & 5 & -26 & 8 \\ 4 & -9 & 2 & 0 & 0 \\ 0 & 4 & -9 & 2 & 0 \\ 0 & 0 & 4 & -9 & 2 \end{vmatrix} = 0.$$

$$\begin{vmatrix} 3 & -26 & 8 \\ 4 & 2 & 0 \\ 0 & -9 & 2 \end{vmatrix} x + \begin{vmatrix} 5 & -26 & 8 \\ -9 & 2 & 0 \\ 4 & -9 & 2 \end{vmatrix} = 0.$$

Die gemeinsame Wurzel ist $x = 2$.

Die entwickelte Methode kann ohne Schwierigkeiten auf zwei Gleichungen von den beliebigen Graden m und n übertragen werden. Man multiplicirt dann die erste nach einander mit x^{n-1}, x^{n-2} . . . . x, 1, die zweite mit x^{m-1}, x^{m-2} . . . . . x, 1 und erhält so $(m + n)$ Gleichungen zwischen den einzelnen variablen Grössen: x^{m+n-1}, x^{m+n-2} . . . . . x, 1, deren Determinante verschwinden muss, weil x in allen Gleichungen den nämlichen Werth bedeutet.

Unter der Voraussetzung, dass die beiden Gleichungen von gleich hohem, z. B. dem dritten Grade sind, kann ihre Resultante in einfacherer Form dargestellt werden. Die Gleichungen:

$$a x^3 + b x^2 + c x + d = 0$$
$$a_1 x^3 + b_1 x^2 + c_1 x + d_1 = 0 \qquad (103)$$

gehen durch die angezeigten Multiplicationen in das folgende System über:

$$\begin{aligned} a x^5 + b x^4 + c x^3 + d x^2 &= 0 \\ a x^4 + b x^3 + c x^2 + d x &= 0 \\ a x^3 + b x^2 + c x + d &= 0 \\ a_1 x^5 + b_1 x^4 + c_1 x^3 + d_1 x^2 &= 0 \\ a_1 x^4 + b_1 x^3 + c_1 x^2 + d_1 x &= 0 \\ a_1 x^3 + b_1 x^2 + c_1 x + d_1 &= 0, \end{aligned} \qquad (104)$$

deren Resultante heisst:

$$\text{Res.} = \begin{vmatrix} a & b & c & d & 0 & 0 \\ 0 & a & b & c & d & 0 \\ 0 & 0 & a & b & c & d \\ a_1 & b_1 & c_1 & d_1 & 0 & 0 \\ 0 & a_1 & b_1 & c_1 & d_1 & 0 \\ 0 & 0 & a_1 & b_1 & c_1 & d_1 \end{vmatrix}. \qquad (105)$$

Zum Zweck der Transformation stellen wir die folgende Determinante*) auf:

$$I = \begin{vmatrix} b_1 & c_1 & d_1 & 0 & 0 & 0 \\ c_1 & d_1 & 0 & 0 & 0 & 0 \\ d_1 & 0 & 0 & 0 & 0 & 0 \\ -b & -c & -d & 0 & 0 & -1 \\ -c & -d & 0 & 0 & -1 & 0 \\ -d & 0 & 0 & -1 & 0 & 0 \end{vmatrix}. \qquad (106)$$

Wird zuerst J in Produkte aus correspondirenden Determinanten dritten Grades zerlegt, so verschwindet nur ein einziges nicht, und wir finden:

$$J = \begin{vmatrix} b_1 & c_1 & d_1 \\ c_1 & d_1 & 0 \\ d_1 & 0 & 0 \end{vmatrix} \cdot \begin{vmatrix} 0 & 0 & -1 \\ 0 & -1 & 0 \\ -1 & 0 & 0 \end{vmatrix} = -d_1^{\,3}.$$

Werden nun (105) und (106) mit einander multiplicirt, so erhält man nach vollständiger Reduction das Produkt unter folgender Gestalt:

$$d_1^{\,3}.\,\text{Res.} = \begin{vmatrix} (ab_1-a_1b), & (ac_1-a_1c), & (ad_1-a_1d) & 0 & 0 & a_1 \\ (ac_1-a_1c), & (ad_1-a_1d)+(bc_1-b_1c), & (bd_1-b_1d) & 0 & -a_1 & -b_1 \\ (ad_1-a_1d), & (bd_1-b_1d), & (cd_1-c_1d) & -a_1 & -b_1 & -c_1 \\ 0 & 0 & 0 & -b_1 & -c_1 & -d_1 \\ 0 & 0 & 0 & -c_1 & -d_1 & 0 \\ 0 & 0 & 0 & -d_1 & 0 & 0 \end{vmatrix}.$$

Auch diese Determinante ist einem einzigen Produkte aus zwei correspondirenden gleich, weil die übrigen Produkte bei der Zerlegung verschwinden. Wird $(ab_1 - a_1b)$ in der Form des Determinantensymbols (ab_1) gesetzt und diese Bezeichnungsweise auch bei den übrigen Theilen durchgeführt, so entsteht:

$$-d_1^{\,3}.\,\text{Res.} = \begin{vmatrix} (ab_1) & (ac_1) & (ad_1) \\ (ac_1) & (ad_1)+(bc_1) & (bd_1) \\ (ad_1) & (bd_1) & (cd_1) \end{vmatrix} \cdot \begin{vmatrix} -b_1 & -c_1 & -d_1 \\ -c_1 & -d_1 & 0 \\ -d_1 & 0 & 0 \end{vmatrix}.$$

---

*) Nach einer Mittheilung von Prof. Brill.

Da der zweite Factor den Werth $d_1{}^3$ hat, so ergibt sich:

$$\text{Res.} = - \begin{vmatrix} (a\,b_1) & (a\,c_1) & (a\,d_1) \\ (a\,c_1) & (a\,d_1)+(b\,c_1) & (b\,d_1) \\ (a\,d_1) & (b\,d_1) & (c\,d_1) \end{vmatrix} \qquad (107)$$

Verschwindet diese Determinante, so haben die Gleichungen eine gemeinsame Wurzel.

Unter der nämlichen Voraussetzung können auch die Determinanten (101) und (102) vereinfacht werden. Aus (104) ergeben sich zur Berechnung von x leicht die folgenden Gleichungen:

$$\begin{aligned} (a\ x + b)\ x^3 + c\ x^2 + d\ x &= 0 \\ a\,x^3 + b\,x^2 + c\,x + d &= 0 \\ (a_1\,x + b_1)\,x^3 + c_1\,x^2 + d_1\,x &= 0 \\ a_1\,x^3 + b_1\,x^2 + c_1\,x + d_1 &= 0, \end{aligned} \qquad (108)$$

und daraus folgt weiter:

$$J_1 = \begin{vmatrix} (a\ x + b) & c & d & 0 \\ & a & b & c & d \\ (a_1\,x + b_1) & c_1 & d_1 & 0 \\ & a_1 & b_1 & c_1 & d_1 \end{vmatrix} = 0. \qquad (109)$$

oder:

$$\overset{J_2}{\begin{vmatrix} a & c & d & 0 \\ 0 & b & c & d \\ a_1 & c_1 & d_1 & 0 \\ 0 & b_1 & c_1 & d_1 \end{vmatrix}}\, x + \overset{J_3}{\begin{vmatrix} b & c & d & 0 \\ a & b & c & d \\ b_1 & c_1 & d_1 & 0 \\ a_1 & b_1 & c_1 & d_1 \end{vmatrix}} = 0. \qquad (110)$$

Wir vereinigen J_2 und J_3 mit der folgenden Determinante zu Produkten:

$$J_4 = \begin{vmatrix} c_1 & d_1 & 0 & 0 \\ d_1 & 0 & 0 & 0 \\ -c & -d & 0 & -1 \\ -d & 0 & -1 & 0 \end{vmatrix} = \begin{vmatrix} c_1 & d_1 & 0 & -1 \\ d_1 & 0 & -1 & 0 \end{vmatrix} = d_1{}^2.$$

$$J_2 \cdot J_4 = \begin{vmatrix} (a\,c_1 - a_1\,c) & (a\,d_1 - a_1\,d) & 0 & -a_1 \\ (b\,d_1 - b_1\,d) & (c\,d_1 - c_1\,d) & -b_1 & c_1 \\ 0 & 0 & -c_1 & -d_1 \\ 0 & 0 & -d_1 & 0 \end{vmatrix}$$

$$J_2 \cdot J_4 = \begin{vmatrix} (a\,c_1) & (a\,d_1) \\ (b\,d_1) & (c\,d_1) \end{vmatrix} \overset{J_6}{\begin{vmatrix} c_1 & -d_1 \\ -d_1 & 0 \end{vmatrix}}$$

Da nun $J_6 = -d_1{}^2$ und $J_4 = d_1{}^2$ ist, so folgt, dass $J_2 = - J_5$ ist.

$$J_2 = - \begin{vmatrix} (a\,c_1) & (a\,d_1) \\ (b\,d_1) & (c\,d_1) \end{vmatrix}. \qquad (111)$$

Ebenso findet man durch Multiplication:

$$J_3 \cdot J_4 = \begin{vmatrix} a\,d_1 - a_1\,d + (b\,c_1 - b_1\,c), & (b\,d_1 - b_1\,d) - a_1 - b_1 \\ (b\,d_1 - b_1\,d), & (c\,d_1 - c_1\,d) - b_1 - c_1 \\ 0 & 0 \quad -c_1 - d_1 \\ 0 & 0 \quad -d_1 \quad 0 \end{vmatrix}.$$

$$J_3 \cdot J_4 = \overbrace{\begin{vmatrix} (a\,d_1) + (b\,c_1), & (b\,d_1) \\ (b\,d_1), & (c\,d_1) \end{vmatrix}}^{J_7} \cdot \overbrace{\begin{vmatrix} -c_1 & -d_1 \\ -d_1 & 0 \end{vmatrix}}^{J_8}.$$

Nun ist $J_8 = - d_1^2$, $J_4 = d_1^2$, also $J_3 = - J_7$, oder:

$$J_3 = - \begin{vmatrix} (a\,d_1) + (b\,c_1) & (b\,d_1) \\ (b\,d_1) & (c\,d_1) \end{vmatrix}. \qquad (112)$$

Werden J_1 und J_4 zu einem Produkt verbunden und die entsprechenden Transformationen ausgeführt, so gewinnt man die Gleichung:

$$\begin{vmatrix} (a\,c_1)\,x + (a\,d_1) + (b\,c_1), & (a\,d_1)\,x + (b\,d_1) \\ (b\,d_1), & (c\,d_1) \end{vmatrix} = 0, \qquad (113)$$

woraus dann x leicht zu berechnen ist.

Zwei gleiche Wurzeln einer höheren Gleichung. Discriminante. Die nachfolgenden Entwickelungen gewinnen an Einfachheit, ohne dass ihre allgemeine Gültigkeit beeinträchtigt wird, wenn wir sie an einer Gleichung von bestimmtem Grade ausführen, und wir wählen dazu die Gleichung dritten Grades:

$$f(x) = a\,x^3 + 3\,b\,x^2 + 3\,c\,x + d = 0. \qquad (114)$$

Es darf wohl als bekannt vorausgesetzt werden, dass eine solche Gleichung durch drei Wurzelwerthe befriedigt werden kann, und dass dieselben, wenn wir die Wurzeln α, β, γ nennen, zu den Constanten der Gleichung in folgender Beziehung stehen:

$$\alpha + \beta + \gamma = -\frac{3\,b}{a}; \quad \beta\gamma + \gamma\alpha + \alpha\beta = \frac{3\,c}{a}; \quad \alpha\beta\gamma = -\frac{d}{a}. \qquad (115)$$

Weiter nehmen wir als erwiesen an, dass $f(x)$ auch so geschrieben werden kann:

$$f(x) = a\,(x - \alpha)\,(x - \beta)\,(x - \gamma) = 0.$$

Wird nun in (114) der Coefficient eines jeden Gliedes mit dem Exponenten multiplicirt, dieser selbst aber um 1 vermindert, so entsteht eine neue Funktion, die wir die abgeleitete nennen wollen:

$$f'(x) = 3\,a\,x^2 + 6\,b\,x + 3\,c. \tag{116}$$

Es lässt sich nun nachweisen, dass diese abgeleitete Funktion auch so geschrieben werden kann:

$$f'(x) = a\left\{(x-\beta)(x-\gamma) + (x-\gamma)(x-\alpha) + (x-\alpha)(x-\beta)\right\},$$

und dazu führen wir nur die Multiplication aus:

$$f'(x) = a\left\{3\,x^2 - 2(\alpha+\beta+\gamma)\,x + \beta\gamma + \gamma\alpha + \alpha\beta\right\}. \tag{117}$$

Nach Substitution der Werthe aus (115) lässt sich die Uebereinstimmung der beiden Werthe für $f'(x)$ sofort übersehen.

Werden nun zwei Wurzelwerthe gleich, z. B. $\gamma = \alpha$, so nennen wir α eine doppelte Wurzel der Gleichung $f(x) = 0$. Die beiden Funktionen gewinnen alsdann folgende Gestalt:

$$f(x) = a(x-\alpha)^2(x-\beta) = 0$$
$$f'(x) = a(x-\alpha)(3x - \alpha - 2\beta),$$

und wir erkennen daraus, dass die Doppelwurzel α auch die Gleichung $f'(x) = 0$ befriedigen, also auch Wurzel von:

$$\tfrac{1}{3}f'(x) = a\,x^2 + 2\,b\,x + c = 0 \tag{118}$$

sein muss. Die Bedingung für die Existenz einer Doppelwurzel fällt hiernach zusammen mit derjenigen für das Vorhandensein einer gemeinsamen Wurzel in $f(x) = 0$ und $\tfrac{1}{3}f'(x) = 0$, und hiermit ist diese Aufgabe auf die vorhergehende zurückgeführt. Wird (118) mit x multiplicirt und dann von (114) abgezogen, so hat man die zwei Gleichungen:

$$\begin{aligned} b\,x^2 + 2\,c\,x + d &= 0\\ a\,x^2 + 2\,b\,x + c &= 0, \end{aligned} \tag{119}$$

die eine gemeinsame Wurzel haben, wenn:

$$J_1 = \begin{vmatrix} b & 2c & d & 0\\ 0 & b & 2c & d\\ a & 2b & c & 0\\ 0 & a & 2b & c \end{vmatrix} = 0. \tag{120}$$

Wie früher, multipliciren wir J_1 mit einer weiteren Determinante:

$$J_2 = \begin{vmatrix} 2b & c & 0 & 0\\ c & 0 & 0 & 0\\ -2c & -d & 0 & -1\\ -d & 0 & -1 & 0 \end{vmatrix} = \begin{vmatrix} 2b & c\\ c & 0 \end{vmatrix} \cdot \begin{vmatrix} 0 & -1\\ -1 & 0 \end{vmatrix} = c^2.$$

Man findet:

$$J_1 \cdot J_2 = \begin{vmatrix} (2\,b^2 - 2\,a\,c) & (b\,c - a\,d) & 0 & -a \\ (b\,c - a\,d) & (2\,c^2 - 2\,b\,d) & -a & -2\,b \\ 0 & 0 & -2\,b & -c \\ 0 & 0 & -c & 0 \end{vmatrix}.$$

$$J_1 \cdot J_2 = \begin{vmatrix} (2\,b^2 - 2\,a\,c) & (b\,c - a\,d) \\ (b\,c - a\,d) & (2\,c^2 - 2\,b\,d) \end{vmatrix} \cdot \begin{vmatrix} -2\,b & -c \\ -c & 0 \end{vmatrix},$$

oder, weil $J_2 = c^2$ und die zweite Determinante des vorstehenden Produktes $-c^2$ ist, so folgt:

$$J_1 = - \begin{vmatrix} (2\,b^2 - 2\,a\,c) & (b\,c - a\,d) \\ (b\,c - a\,d) & (2\,c^2 - 2\,b\,d) \end{vmatrix} \qquad (121)$$

Verschwindet J_1, so besitzt $f(x) = 0$ eine zweifache Wurzel.

Um diese Doppelwurzel zu ermitteln, gibt man den Gleichungen (119) folgende Form:

$$(b\,x + 2\,c)\,x + d = 0$$
$$(a\,x + 2\,b)\,x + c = 0,$$

und findet aus der Determinante:

$$\begin{vmatrix} (b\,x + 2\,c) & d \\ (a\,x + 2\,b) & c \end{vmatrix} = 0$$

für x den folgenden Werth:

$$x = \frac{2\,(b\,d - c^2)}{(b\,c - a\,d)}.$$

Inhalt.